U0295451

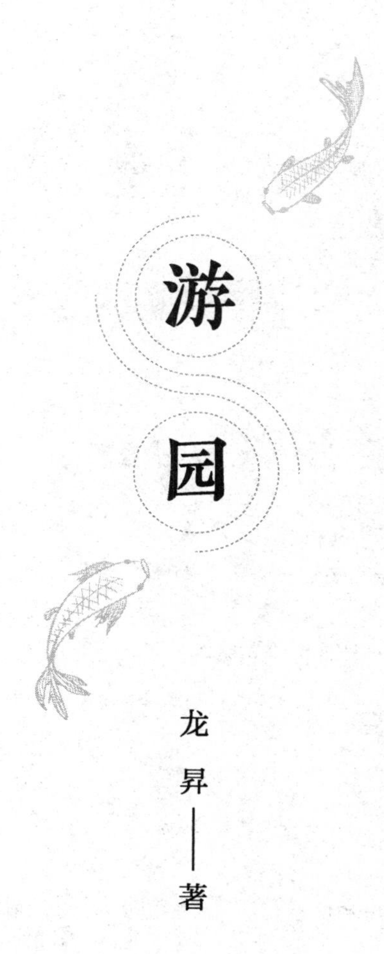

游园

龙昇——著

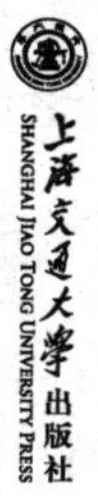

内容提要

本书是“悦读日本”书系之一，从日本庭园的三大形态谈到各类庭园，包括佛家庭园、武家庭园、宫廷庭园、神社庭园、商家庭园、美术馆庭园等。以庭园的发展串起了日本社会历史发展的长线，读者行于文字之间，游览于庭园山水之间，也是漫步在日本历史的长卷中。

图书在版编目（CIP）数据

游园 / 龙昇著. —上海：上海交通大学出版社，
2018
（悦读日本）
ISBN 978-7-313-19399-5

Ⅰ.①游… Ⅱ.①龙… Ⅲ.①庭院—园林艺术—研究
—日本 Ⅳ.①TU986.631.3

中国版本图书馆CIP数据核字（2018）第098883号

游　园

著　　者：龙　昇
出版发行：上海交通大学出版社　　地　　址：上海市番禺路951号
邮政编码：200030　　电　　话：021-64071208
出 版 人：谈　毅
印　　制：苏州市越洋印刷有限公司　　经　　销：全国新华书店
开　　本：880 mm × 1230 mm　1/32　　印　　张：7.375
字　　数：137千字
版　　次：2018年7月第1版　　印　　次：2018年7月第1次印刷
书　　号：ISBN 978-7-313-19399-5/TU
定　　价：58.00元

序

世界园林多种多样多体系，主要有三大体系，它们是东方园林、西亚（伊斯兰）园林、西方（欧洲）园林。东方园林体系以中国园林为代表，其中也包括了日本园林，而日本的园林叫作庭园。

根据成书于公元 712 年的神话兼历史书《古事记》和成书于 720 年的《日本书纪》，公元 1 世纪的日本第 12 代天皇景行天皇在他庭院的水池中放进了金色的鲤鱼，于是诞生了日本最早的庭园，但那毕竟是传说。《日本书纪》关于庭园的记录更为详细可信，对于时间、地点、人物均有记载：公元 612 年，在齐明天皇的皇居南庭池畔，从朝鲜半岛来的归化人路子工建了须弥山和吴桥，然而这一庭园的遗迹至今不为人知。而目前出土的最早的庭园遗迹则可追溯到飞鸟时代。

经过时代变迁，日本出现了各式各样的庭园。飞鸟时代和奈良时代出现了池泉舟游式庭园，其建造通过引水挖池，池中

京都高台寺枯山水砂盛

堆土石筑山成为中岛，此外亦有单独的岩石和多块岩石组成的石组，来表示神山、仙山，另造舟船环游于此等人工庭园之中。池水或来自地下涌水（泉水），或开渠道引自园外河川，小渠称作“遣水”，有的遣水曲曲弯弯，便以平整的石块作岸，两旁植梅树，主人在那里举办曲水之宴，这便是曲水庭园。

奈良时代后期，中国佛教的末法思想传入日本，并于平安时代渗透到人们日常生活中，于是出现了净土庭园。平安时代长达近三百年，那是一个公家贵族文人（服务于朝廷的贵族或天皇的近侍）占据统治地位的时代，是一个僧人地位崇高的时代，这一时期的池泉庭园较之前更加发达，不仅存在于皇宫或离宫中，还进入到公家、贵族宅邸中。那些宅邸多是坐北朝南、左右对称的“寝殿造”建筑，于是出现了寝殿造庭园，它多位于贵族宅邸的南部。

镰仓时代，贵族文人的统治地位被打破，取而代之的是武家当权的幕府，天皇变成了国家的象征，而最高权力让位于征夷大将军。此后在大大小小的武士宅邸中出现了武家庭园。镰仓时代初期，佛教禅宗在日本得以确立，此时出现了禅寺庭园，也可称方丈庭园，它可兼做修行道场。禅宗思想进入日本，立刻与武士阶层的思想产生了共鸣，也影响到武家庭园简朴而有魄力的营造方式。

日本禅宗的确立，也催生了茶道的产生。进入室町时代，从那些禅寺庭园中发展出来了枯山水庭园。安土桃山时代，茶道确立，出现了茶室，也出现了附属于茶室的庭园，它称作茶庭或露地。江户时代出现了大名庭园，它既是武家庭园的最高形式，也囊括了此前出现的各式庭园的内容。江户时代执行着“士农工商”的身份制度，里面包含了重农轻商制度，但到江户末期商人抬头，于是出现了“商家庭园”。自明治维新起，日本迈向资本主义经济的工业化道路，出现了新兴实业家，有不少发了财的实业家建起了和式庭园或新式庭园……

日本庭园也和世界园林一样，包含各种样式和体系，也有各种分类方法，总体来说可归类为池泉、枯山水、露地三大形态。日本学者将营造日本庭园的硬件总结为四大要素：石、水、植栽、添景物。其实纵观世界园林或其中的中国园林的硬件，也离不开那四大要素，只是它们在日本庭园中的表现形式和表现内容有所不同。其中的“石”既有日本固有的岩石崇拜，更有外来信仰的影响；“水”是池、泉、瀑布、引水，但有时会以砂、石来表示；“植栽”是乔木、灌木、花草，但通过剪裁变了模样；“添景物”是点景、衬景、配景之物，比如石墙、林墙、竹篱笆、石灯笼、石塔、石桥、石路、石造洗手盆等。

为方便之后对于日本庭园的梳理，此处先将与庭园有关的日本时代列表如下：

飞鸟时代	592 年—710 年
奈良时代	710 年—794 年
平安时代	794 年—1185 年
镰仓时代	1185 年—1333 年
（建武新政）	1333 年—1336 年
南北朝时代	1336 年—1392 年
室町时代	1336 年—1573 年
（战国时代）	1467 年—1590 年
安土桃山时代	1573 年—1603 年
江户时代	1603 年—1868 年

明治时代	1868 年—1912 年
大正时代	1912 年—1926 年
昭和时代	1926 年—1989 年

日本庭园中使用了许多日语专用词，多数会随文解释，少数专用词先在这里做个说明：

中岛：池水中心之岛，或主岛。

出岛：伸进池中的舌形半岛，有着曲线之美。

洲浜：表示河岸湖岸海滨的沙洲。

荒矶：表示海边岩岸。

石组：数块岩石的组合。

护岸石组：池与地面相接处以大小石块组成的石组，用以保土和造型。

砂盛：用白砂石堆砌、拍打成的圆锥形砂山。

飞石：庭园，尤其露地庭园中，隔步配置、用于行走的一串平石块。

泽飞石：置于池水中的飞石，亦称“泽渡”“矶渡”，可作渡桥。

刈込：“刈”本意是割草，“込”是日造汉字，相当于汉字表示曲折的“迂”，两字合成的“刈込”是日本庭园营造的技法之一，即将树木枝叶修剪成圆形或蘑菇形。

大刈込：连成排的树木经修剪，表现为连绵之山或波浪云霞等景色，也可作庭园围墙。

袄绘："袄"意为带衬里的衣服，"袄绘"是指在木框拉门贴着的日本纸或布上绘出的图画。

障壁画：包括袄绘、屏风画和室内壁画的总称。

屋敷：房屋和宅地的合称，一般指豪邸。

目录

第一章

日本庭园的三大形态

池泉：水上大世界

池泉庭园是日本最早出现的庭园形态，简单而言，它是设置了小河川和水池的庭园。它又以观赏方式及布景的不同，分出了舟游式（水池宽阔，可乘船游览）、回游式（水池宽阔，可沿池岸信步漫游）、观赏式（水池较小，坐在一处或坐在室内可一览无余）、筑山式（池中及池岸上多有土石堆积的小山）、综合式（除去池泉还包括了其他形态的庭园）等多种样式。

日本的池泉庭园，源自上古，最早出现在飞鸟时代，后经奈良时代的发展，最终大规模出现在平安时代的贵族宅邸中。那些贵族在宽广的宅邸土地上，造池筑山，泛舟其上，以喻大陆景色和海洋风光，祈求长生不老。下面仅举几处池泉庭园加以叙述。

飞鸟、奈良、平安时代的池泉庭园

飞鸟时代的天皇皇宫和都城共有两处，分别为飞鸟京、藤原京，均位于今奈良县僵原市明日香村一带。飞鸟京指的是飞鸟时代前期和中期的皇宫及关联诸宫舍设施，此间的 645 年颁布了“大化改新”诏书，确立了日本最初的国家体制和年号。藤原京从 694 年到 710 年存在了 17 年，此间的 701 年参考中国唐朝统治制度，发布的《大宝律令》，成为日本最初的律令法典，形成了以天皇为中心的中央集权体制，此间还模仿中

复旧后的奈良“平城京迹东院庭园”

国都城格局营造了条坊式的都城，成为日本最早的首都。那个时代的建筑经一千四百年的沧桑均成了遗迹，它们包括皇居（即飞鸟宫）、寺庙、工房、水钟、船石、飞鸟京苑池等遗迹。1999年开始，奈良县立僵原考古学研究所对飞鸟宫北的飞鸟京苑池遗迹进行了多次发掘，直到2016年才完成了整个发掘工作。从发掘的成果来看，它是一处池泉庭园。它有着泉水来源，池长230米、宽120米，池底敷以小圆石，池中有许多堆积的大石块，池泉被一道“渡堤”分成了南北两池，特别是南池中有以被称为中岛的石块堆砌的岩岛，池中有重达2吨的大石块，南池东岸的护岸石垒筑堤竟达3米高。从池中还发掘出了土制、瓦制的碗碟和一枚木简，从池周边发掘出了梅树、柿子树的残留物……根据研究结果，其建于7世纪后半叶，是日本最古的飞鸟时代的池泉庭园。在完成发掘工作后，工作人员在池泉边用原木建了栋古典建筑作为休息场所，其中包括一间厕所，这似乎预示着飞鸟京苑池将要进入恢复庭园原貌的阶段。

进入奈良时代，都城也设在奈良，名称平城京，仿长安和洛阳城市格局而建，但位置不在明日香村而是在今奈良市北的中心部。在多次对平城京遗址的发掘中，两次发现了宫城遗址并复原了“朱雀门”和“大极殿”。1967年，在平城京遗址东侧的一次发掘中，又发现了一处池泉遗迹，后经修复和引水，重新建成了“平城京迹东院庭园”，使其基本恢复了原样。“东院庭园”的池泉南北长100米、最宽处东西宽80米，而最窄处仅5米左右，它北窄南宽，呈S形状，很像一道曲水。复原时在池上架设了两座朱红色的桥，一座是平桥，一座是反桥（以木柱支撑的弓形木桥），在池北岸设置了“筑山”（假山），沿岸砌出“洲浜”（沙洲、海滩），池中心以土石堆出一座“中岛”。另外在池泉的北部、中腰和东南角新筑了三处仿古建筑物——玉殿、正殿、隅殿，隅殿造型美观，像个二层角楼。现在的人们经常穿着奈良时代的服装，在那里举办庭宴、观月会、茶会等各种文化活动。所有这些，让我们看到了初期池泉庭园的构成元件和布局，可以想象古时天皇和贵族们在此宴饮舟游的情景，也能嗅到伴随遣唐使的派遣而形成的以平城京为中心的贵族、佛教文化——天平文化的气息……

位于奈良的平城京本处于盆地之中，涌水、积水虽多，但缺少排水之处，亦不便船运，因此在桓武天皇时代的784年，将都城迁往平城京之北40公里处的长冈，是为长冈京。在那里，桂川、鸭川、宇治川汇成淀川，通往大海。仅仅9年后，又因皇室纠纷等原因，同一位桓武天皇于794年将都城继续向北迁移10公里，建了平安京，它在今京都市中心部。自那时起开创的平安时代延续了近400年，直至定都江户（东京）的明治二年（1869年）止，这使其成为日本长过千年的古都。正因有千年文化积累，京都聚集了日本各式庭园。

随着794年的平安京迁都，同时建造的有宫廷禁园——

皇家庭园。作为平安京的镇守，在宫城正门两侧建有官寺东寺和西寺。桓武天皇做了东寺的开基，那禁园便在东寺院内。桓武天皇之子嵯峨天皇，将东寺下赐给了乘遣唐使船私费留学又归来的高僧空海（弘法大师），作为东寺真言宗的总本山，此后名“教王护国寺”，而院内的禁园则被称作神泉苑。千余年中，教王护国寺几经火灾，神泉苑也几度荒废，又几度复建复修，最后于1934年将它们焕然一新地恢复成了平安时代的面貌。神泉苑是以“法成就池”为中心的池泉回游式庭园，水源来自护城河，水池南北长500米，东西宽240米，形状像个葫芦，故又称“瓢箪池”（日本称葫芦为“瓢箪”）。水池里有一座中岛，还有一座伸进池中的出岛，上有一座神社“善女龙王社”，一座美丽的朱红色反桥架在通往它的池水上，其名“法成桥”。你许着愿从桥上走往那神社，定会心想事成。池的西岸坐落着讲堂、金堂，南岸矗立着一座五重塔。京都有四座五重塔，唯东寺五重塔最有名，它不仅是京都的象征，也是平安时代的象征。

嵯峨天皇在今京都市右京区的嵯峨野有座离宫御苑“嵯峨苑”，苑内有宽阔的池泉“大泽池”，周长一公里。后来嵯峨天皇听从空海建言在离宫内建了五大明王堂，嵯峨天皇的皇女正子内亲王于876年将离宫御苑改建成了真言宗寺院大觉寺，从此成为真言宗大觉寺派的大本山，其东侧的池泉大泽池，也随之被称为“日本最古老的庭苑池”——最早的离宫庭园。大泽池中有名为菊岛的中岛，有伸进池中的出岛，名称天神岛，菊岛和天神岛间的池水中冒出一块三角状的巨石，名庭湖石，而大泽池本名为“庭湖”，这“庭湖”指的是什么湖？是洞庭湖。1 200 年前的日本就知道洞庭湖了吗？也许是更早的人传说过来的，也许就是留学僧空海传入的吧。公元 818 年，日本大旱，瘟疫流行，花道嵯峨流的始祖嵯峨天皇以为是自己不德所致，便在空海的劝请下离开正殿到离宫嵯峨苑简居，抄写《般若心经》。1967 年，为迎接嵯峨天皇抄写《般若心经》后的第 20 个戊戌年（2018 年），在大泽池畔建了座“心经宝塔”，它是座造型很美的朱红色的两层塔，端庄又美丽，给大泽池庭园增添了无限风采。大泽池北曾有“名古曾瀑布”，遗憾的是，今日仅留下遗迹。大觉寺成为花道嵯峨流的发源地，直至今日，每年会多次在大泽池畔举办花道展；大泽池是日本有名的赏月之地，每年中秋之夜会在那里举办观月晚会；嵯峨苑大泽池比神泉苑“法成就池”宽阔，可谓池泉舟游式、回游式庭园，今有仿古的“龙头舟”“鹢首舟”在池水上荡漾……

永保寺庭园

岐阜县多治见市虎溪町有座 1313 年建立的庙宇永保寺，它的创建者是有名的禅僧梦窗疏石。在这之前，梦窗疏石是今山梨县净居寺住持，他在一次与弟子七人西行时，途经今多治见市土岐川旁的一片丘陵地，在那里迷了路，正好遇见一位

岐阜县永保寺庭园观音堂、无际桥、梵音石

骑白马的女子，梦窗疏石朝她行礼道：我如脱壳之蝉，仅问山路，请指点迷津。女子仅留了句：沧桑正道尚远，指教迷途，还得靠自身——然后便消失不见了，但在她消失之处的一块岩石上出现了一尊一寸八分高的观音菩萨像。梦窗疏石由此认为此处是风水宝地，之后便在那里创建了山号为虎溪山的永保寺，又于 1314 年在寺内建起一座名叫“水月场”的观音堂，将那座白马女子的化身观音菩萨像作为本尊供在里面。梦窗疏石是一位非常有名的作庭家，创立永保寺后，他请同辈僧人佛德禅师当开山住持，自己则带领弟子们耗费四年时间，在寺中营建了 9 340 平方米的舟游式、回游式池泉庭园。

永保寺庭园包括位于北部的观音堂、梵音石、开山堂，以及南部的心字池、白莲池和一片无名水池。观音堂是一栋苫着桧木板的歇山顶式禅寺佛殿，开山堂与其式样相同，里面供有梦窗疏石和佛德禅师像，它们都被列入了日本国宝。两堂中间的梵音石是一座岩山，上面有座飞泉亭，从那里落下的多道飞泉形成了瀑布“飞瀑泉”，飞瀑细细，发声有如梵音，岩山梵音石便取名其音。飞瀑泉最后落进心字池，心字池位于观音堂南，其尾部又拐在观音堂东侧，有如一条卧龙，故心字池又名卧龙池。池水中间架着一座无际桥，是永保寺庭园的中心景观，它是一座不涂漆的反桥，惹人注目的是桥中间建着一座“桥殿”——桥亭。这种在桥上建亭的形式是日本庭园中的首创，因此它以“永保寺庭园无际桥”之名被列入了日本国家名胜。无际桥西水中筑有不大的龟岛和鹤岛，观音堂东侧的池水中还有一座建有小祠的岛，它以两座石板平桥与岸上相通，如果加上心字池的反桥无际桥，永保寺庭园似有净土式池泉庭园的布局。

卧龙池西侧有条通往土岐川的小溪，溪上架着可容三人并行的石桥，两旁的石栏杆都有三个石柱，其名三笑桥。从永保寺的山号虎溪山到这三笑桥，使人想起中国庐山虎溪旁的东林寺，想起虎溪三笑的故事：净土宗始祖、东林寺法师慧远曾有“送客不过虎溪桥”誓约，某日，简寂观道长陆修与陶渊明到访东林寺与慧远叙谈，离别时还谈笑甚欢，直到听到虎啸声，方知已过虎溪桥，引三人哈哈大笑，后来他们在分别处建了三笑亭。这日本净土宗永保寺山号及寺中三笑桥，均传承于此故事，而永保寺所在地地名虎溪町及寺旁的虎溪公园也传承于此故事。

鹿苑寺金阁庭园和慈照寺银阁庭园

曾游京都鹿苑寺。大凡到京都观光的人都去过那里，它更以俗名金阁寺名闻遐迩，面积 9.3 公顷，是一处池泉舟游式、回游式庭园。金阁寺的前身是镰仓时代的公卿西园寺家宅邸上建的西园寺及山庄“北山第”。1397 年起，室町时代第三代将军足利义满，将它改建成了将军别邸“北山殿”，他死后，后人根据遗嘱将其改成了禅寺鹿苑寺（属临济宗）。寺中有供奉佛舍利的“舍利殿”，其为三层楼阁建筑，第一层表现了平安时代贵族建筑风格，第二层呈现镰仓时代的武士建筑风格，最上面的第三层则是中国唐朝建筑风格。其最上层建筑的外壁和天井全以金箔装饰，金碧辉煌，故称“金阁”。今日，许多人会从三岛由纪夫的长篇小说《金阁寺》中了解到这一有五百多年历史的“金阁”，曾于 1950 年的一天未明之时，被一名性格孤僻的年轻僧徒放火自焚而烧毁。那场大火不仅烧毁了殿阁，更烧没了殿内保存的许多国宝。1955 年舍利殿重建，1987 年重新以金箔装饰了它的第二层和第三层，金阁再呈金碧、更显辉煌。

京都金阁寺（吴鹏摄影）

金阁寺珈蓝多幢，但游客更钟情于金阁和阁前的庭园，那就是金阁寺庭园。金阁寺庭园面积的一半种植着林木，另一半是围拢在林木中心的一个水池，名镜湖池。镜湖池呈圆形，周边以岩石砌岸，西南部向池中伸出一个有弧线美的“出岛”。池中立着形状各异的巨石和土石堆积成的岛。金阁基座半在岸上半在池水中，颇似水榭，走进它的一层，可以看到池中大部分的岩石和岩岛。

从金阁往南看镜湖池，最近处有块露出水面半米、形如笔架的石块，它代表须弥山，叫作“九山八海”，表示佛教的须弥山和周围的三千大千世界。此石虽小，来历不凡，有说是足利义满请来的洞庭石，有说是丰臣秀吉请来的太湖石。“九山八海”后面的小岛叫“鹤岛”，形如仙鹤，岛上只有一棵松。“鹤岛”，右侧的岛名“龟岛”，中间隆起如龟甲，前面石块扬起，名龟头石，后面拖着一石，名龟尾石，其稍大，可容两棵松。龟鹤喻长寿，出自神仙思想。龟鹤两岛之后，便是镜湖池中最大的岛——中岛，名苇原岛，亦名蓬莱岛。苇原是“苇原中国”或“丰苇原水穗国”的略称，它们是日本神话中高天原和黄泉国之间的世界，也是日本早期国土。海上有仙山，山中有仙人，那山叫蓬莱，产生自道教的神仙思想。那苇原岛蓬莱岛兼称的中岛上植有更多松树，岛上有立石，岛周有围石。你从金阁沿池滨环路走到镜湖池南岸，从那里可看到苇原岛岸壁及岸旁的几处岩石：三尊石、细川石、赤松石、畠山石。三尊石是一高二矮的一组石景，它们代表释迦、文殊、普贤；细川石高两米，形同鲨鱼背鳍，赤松石在水中，犹似红松的树干；畠山石是富士山的微型版。

从金阁往西南的出岛看去，池水中有排成一列的出龟岛、入龟岛、淡路岛。淡路岛是日本神话高天原众神制作的日本第一片国土，在今濑户内海中，镜湖池中的淡路岛依其形而筑。这一列三岛，又表示蓬莱、方丈、瀛洲三仙山。镜湖池中所有岛上均植松树，它们是黑松，松枝松叶被人工修建成圆片状，犹如飘浮的云彩……

整个金阁寺庭园体现了神仙思想和佛教思想。金阁西侧回廊连接着一个立在水中的木亭，名“漱清”，是个登船的舟亭，金阁东侧水中有一排四柱立石，那是系舟石。可以想象，自足利义满以来的将军、武家们，乘舟荡漾环游在镜湖池中，追求享受仙境和净土之乐的得意样子。金阁寺庭园，可称蓬莱样式的庭园，池中的“九山八海”又受着净土式庭园的影响，但它被分类为日本庭园三大形态中的池泉庭园。

池泉庭园，当然以水为主。涌水为泉，泉还可以从小川及人造水渠的水而成的“遣水”引来，以现代抽水机引来地下水，汇聚成池，还有利用海水涨潮落潮围出的池。比如金阁寺庭园镜湖池之水，来自其北上方的终年不涸的“安民泽”，泽中水流出，经岩石落下，形成了一道“龙门瀑”，落水正击一块“鲤鱼石”，落水形成一条“银河泉”，最后汇入镜湖池，这也是有创意的设计吧。有了池，在池畔池中堆土筑山、筑岛，架上小桥，建筑亭榭，再在园内种植花草树木，就成了池泉庭园。池泉庭园又可细分出坐在铺着榻榻米的房间“座敷”里即可观赏的“观赏式池泉庭园”、顺着园中土石路漫步观赏的“回游式池泉庭园”、乘游船于池中观赏的“舟游式池泉庭园”，而金阁寺庭园将这几种“式”囊括于一身。

提及金阁寺，总会令人联想起银阁寺，它也带有庭园，叫作慈照寺银阁庭园。银阁寺位于今京都市左京区银阁寺町，原本是室町时代第八代将军足利义政从1482年起修建的山庄。

山庄内的一座叫作观音殿的楼阁原本是计划苫上银箔的，但赶上了时局紧张、经济匮乏，改成黑漆涂抹。2010 年整修时才将它的屋顶改成了“柿葺”（柿木板苫顶），使其在阳光照射之下也银光闪闪。慈照寺银阁庭园面积约为 2.2 公顷，是处池泉回游式庭园，但它与该寺方丈室中间夹着一片名称“银沙滩”的枯山水。“银沙滩”以色深色浅的两种白砂石铺就，深一道浅一道地形成优美的图案，表现的是杭州西湖之美。它的一端又以白砂石垒起一座 180 厘米高的圆锥形的“砂盛”——立起来的砂山，它的顶并非锥形而是平的，很像富士山。银阁庭园是由银沙滩和锦镜池组成的上下两段式的庭园，锦镜池的形状很像一幅中国甘肃省地图，东西水面宽绰、中间狭窄，狭窄处架着一座“龙背桥”。锦镜池西部被一座小桥隔出了一个小池，池中立一小石，名称“北斗石”，银阁便坐落在小池旁。西部池水中一个较大较平的岛叫作“仙人洲”，东部池水中有座全以巨石垒成的“白鹤岛”，岛的一旁立有三尊石组，水中有块平平的坐禅石，通往白鹤岛的两座桥曰“仙袖桥”“仙桂桥”，可见那里是一片神仙世界，也是一方净土世界。池西的“喜月泉”是一道极细的瀑布，而锦镜池的水源来自池北山上的“相君泉”，它被一石组围拢，泉水自其中不断涌出……室町时代第三代将军足利义满建的鹿苑寺金阁庭园金碧辉煌，其孙第八代将军足利义政建的慈照寺银阁庭园银光闪闪，它们有如日月对照。

京都银阁寺庭园的砂盛“向月台”

识名园

曾为国内摄制组写下了名为“樱花前线”的拍摄提纲，2012 年 1 月，摄制组为拍第一集来到冲绳，我也曾赶去陪同。其间抽空去了那霸市的琉球古都首里城和城南不远的识名园，它是座回游式池泉庭园。识名园坐落在山林中，占地 4 公顷多，正中有个心字池。它始建于琉球王国第二尚氏王朝尚穆王（1739 年—1794 年在位）时期，曾是王室离宫。二战时日军的弹药库曾设于识名园，弹药库后被美国军舰的炮弹击中，致使庭园毁于战火。现在看到的识名园是于 1975 年照原样重建的，能看到的建筑和景物有正门、番屋、御殿、石

冲绳识名园邮票

桥、六角堂、劝耕台、育德泉，当然还有那心字池和池中的两座小岛。

番屋是警卫室，御殿是木造红瓦顶的纯琉球王家建筑，它是琉球王室的别邸，也是用来接待来自中国的册封使的招待所。六角堂建在心字池中一座小岛上。另一小岛居心字池正中，由左右两座中国风格的石拱桥与南北两岸衔接。这两座石桥有趣耐看，它们以浅海珊瑚礁形成的琉球石灰石造就，一座桥的石块切割得平直，一座桥的石块外面保持原样的毛糙，远看近看都像卧着一堆毛茸茸的狮子。劝耕台在池西岸高台之上，上面建有八角凉亭。我登台入亭四望，看到多半那霸市井，再低头俯视那应是心形的心字池，被一个小岛两架石桥拦腰束住，竟像一个大葫芦。心字池之水，来自几处地下涌水。其一是池北的育德泉，它在以琉球石灰石砌成的两个井口中，一井呈方形一井呈月形。低头望去，泉水清冽，井底涌水和气泡也清晰可见。井之上立两石碑，一为1800年尚温王的册封正使赵文楷题字“育德泉碑”，一为1838年尚育王的册封正使林鸿年题字“甘醴延龄碑”。心字池一周铺着石头垒砌的道路，园内诸景可在石垒道上漫步时一一而见，那石垒道也是由琉球石灰石铺就的，灰色，覆盖在绿荫下，显得清凉。冲绳属于亚热带气候，识名园内树木常青，百花四季变样开。

识名园带着中华风味，但它更是琉球特色的庭园，琉球后来纳入日本成为冲绳县，识名园以它的造园式样，被判定为池泉庭园中的回游式池泉庭园。2000年，它与首里城遗址等多处琉球时代的名胜古迹一起，被列入世界文化遗产。

香川县高松市栗林公园（县立历史公园）

日本自奈良时代起实施律令制，将地方行政区域划分为多处令制国，今四国岛上的香川县，古时称作赞岐国，有名的“赞岐面条（乌冬）”即发源于此。到了江户时代，赞岐国为高松藩领有。今香川县首府高松市有座栗林公园，它是在室町时代赞岐国豪族佐藤的别邸的基础上，经高松藩几代藩主历经百年（16—17世纪），作为藩主别邸而营造的一处池泉庭园，原名“栗林庄”。明治时代，废藩置县，它成了香川县县立公园。其面积达75公顷，是被指定为日本特别名胜中的最大的庭园。

池泉：栗林公园内共有六个池——南湖、北湖、西湖、涵翠池、芙蓉沼、群鸭池。它们以庭园的中间线分在南庭和北庭里，南庭是标准的池泉庭园，北庭则带有现代色调。南庭以面积 7 900 平方米的南湖为主，北庭包括芙蓉沼和面积 7 930 平方米的群鸭池。长条状的西湖紧邻作为庭园借景的紫云山，山脚直削陡立，呈赤色，以周郎赤壁故事定景色之名为“赤壁”。涵翠池是个迷你小池，池水碧绿。南湖是庭园中的精华，多数景观点缀其周边，既可环路游览亦可乘小舟观览。池泉池水来自于泉，南湖东南角有个叫“吹上”（吹上本意是有水涌喷之处）的地方，一条古河道的伏流水从那里被抽上来，日抽 1 800 吨水，充实着那六个池。

筑山：庭园中有 13 处土堆或石垒的筑山，它们或临池岸成峰或立池中成岛屿。有名气的是南湖之滨的飞来峰和北湖之滨的芙蓉峰，它们均拟富士山形状而筑。站在飞来峰处，可一览南湖绮丽风光，远眺湖中三岛——杜鹃屿、天女岛、枫屿。立于芙蓉峰处，可观北湖中的前屿和后屿，岛屿上长满黑松，卧着立着奇奇怪怪的岩石。迷你小池涵翠池岸边布满了奇岩怪石，池中心竟容下了一座瑶岛，那池自然该是瑶池了。在最大的群鸭池中堆筑着一个很大的多闻岛，还有冠名春、夏、秋、冬的四个小岛……

林木花草：栗林公园原名“栗林庄”，冠名其时，庄内种

栗林公园南湖及偃月桥（Jane Yang 摄影）

满了栗树，然栗树后因故被伐尽，改种黑松树，使得今日的1 400株黑松成了庭园的主角，它们经过修剪犹如盆栽，其中一株老松名称龟鹤松，其围拢树根的110块石头被堆成了乌龟状，上面的松枝修剪成白鹤展翅之姿，栩栩如生。南湖中的枫屿之上种满枫树，岸边有一片枫林组成的“枫岸”，秋季来临，那里是一派红色世界，南湖中的杜鹃屿上则长满了杜鹃花。庭园中心地带有着南北两处梅园，芙蓉沼是个莲花池，群鸭池水中长满花菖蒲，园中更有300株樱树……栗林公园是个林园，是个百花园。

桥与亭：栗林公园中有14座桥，其中梅林桥的桥栏涂得朱红，最美的偃月桥原木原色。园中有多座亭，又多为凉亭或望亭，但其中的掬月亭和日暮亭是茶亭，前者是数寄屋①式的建筑物，后者是草庵型的茶室，其两侧均有露地，游客可在这两间茶亭里一边品味抹茶和茶点，一边观览池景……

枯山水：关于想象的游戏

我现居日本福冈博多。博多历史长，多古寺，且多禅寺，其中承天寺是侨居博多的南宋豪商谢国明捐资建造、由留学僧圆尔弁圆开山的禅寺，它也是日本荞麦面条、面条（乌冬）和馒头（点心）的发祥地。承天寺方丈室前有一片枯山水庭园“洗涛庭”，每次见到那以白砂石铺就成大海、以岩石寓意高山的日本独特的庭园，我都会心静神凝。

2012 年 10 月 12 日晚，我得幸在枯山水“洗涛庭”前参加了一次“观月祭”，坐在门窗敞开的方丈室，举首观明月，隔着枯山水看对面特设的舞台上的诗吟、日本舞、筑前琵琶、筱笛（一种横笛）、中国二胡等表演和演奏。白砂石被月亮耀出青光，岩石更显昏黑，枯山水真就成了微波荡漾的蔚蓝大海。表演开始，舞台灯光变幻着照射在枯山水上，它又呈现暗淡的色彩缤纷，表现出日本的“物哀”“空寂”“幽玄”的美意识……

① 一种和式建筑。

次日，将洗涛庭前的观月祭在一同好网页上分享了一下，得一些跟帖，其中有位旅居东京多年的网友问：枯山水好像多在西日本，何故？也有一位新近留学来的人问：什么是枯山水，中国有吗？前一问好答：枯山水出自禅宗思想，属于西日本的九州博多是留学僧和渡来僧渡唐或来日的玄关，日本第一座禅宗寺院圣福寺便落脚在博多，而日本禅宗得以确立是在京都、奈良等地的关西地区，枯山水多在西日本出现是很自然的事。以东京为首的关东地区或更东面，不是没有枯山水，而是较少而已。后一问却较难答，我自己也得好好学习后，方能作答。

枯山水是无池无水的庭园，是抽象思维的庭园。枯山水以白砂石铺地，耙出条纹，表现大海、湖池、河川及水的流动、波澜，砂石地间放置岩石，表现为山，有的枯山水庭园会培植青苔围拢着砂石、岩石。顾名思义，枯山水是干枯的山水，但它在坐禅冥想的僧人心中并不干枯。智者乐水，仁者乐山，禅师面对枯山水将心洗涤得清静，枯山水源自日本禅宗寺院，多是方丈庭园。

曾去中国留学的僧人荣西，有日本茶祖之称，他也是于1195年在博多建立了日本第一座禅宗寺院圣福寺的开山住持，十年后他成了京都最初禅寺建仁寺的开山住持，因而也成为日本临济宗的门祖——千光国师。1246年，南宋僧人兰溪道隆来到博多，小住一时后去了京都和镰仓，于1253年成了统辖镰仓幕府的权力者北条时赖开创的镰仓建长寺的开山住持，他也成为日本临济禅宗的中兴之祖。

兰溪道隆好像对龙门情有独钟，他去京都和镰仓途中，在九州筑后川支流处遇一瀑布，其山势有如龙门，便起名龙门瀑，并在其侧建龙门寺，留弟子做住持。他后来从镰仓建长寺去了今山梨县甲府市东光寺担任开山住持，并建造了寺内庭园，此园本属池泉庭园，建造者又在池水中央放置了船型石及表现为龟、鹤的石块，在岸上用数百石块堆筑了水墨山水画式的风景，其中有一组无水落下的“涸泷”，以堆放的石块组成山涧，以立放的叫成“水落石”的平面石块表示飞流直下的瀑布，而一块形如鱼状的“鲤鱼石”，多半身露出“水面”地正往“瀑布”上跳跃。这组不动的石块表现了活生生的鲤鱼跳龙门，名称“龙门瀑”，今尚在。那以岩石布成的“龙门瀑”旁并未铺就白砂石，但日人常将其当作枯山水的雏形。

日本最古老的造园书《作庭记》，成书于平安时代，但镰仓时代中期的1289年版本的《作庭记》第五段中始见“枯山水”字样，读那段文字，可推测其时的枯山水指的是“龙门瀑”那样的有岩无砂的石庭。兰溪道隆来日时期是镰仓时代中期，到了镰仓时代末期和室町时代初期，出现了一位伟大的日本作庭师梦窗疏石，它吸收“龙门瀑”的形式，加进了白砂石和青苔等元素，奠定了独具日本特色的枯山水的基础，也就是说他是枯山水的开山鼻祖。我们可以通过他的几句偈颂诗来理解什么叫枯山水：“枯山水一尘不染，却宛若见到高山耸立，无水一滴，但能感觉出飞瀑落下。我总受风之召唤、月的邀请，在这庭园漫游。”从此诗中可总结出枯山水是抽象的无尘之庭，它可磨炼清澄如洗的人心。枯山水出于佛教的禅宗思想，梦窗疏石本是一代有名禅师，有着“七朝帝师”之称，他在《梦中问答集》中有言“把庭园与修道分开的人，不能称为真正的修道者”。

关于梦窗疏石和他的作品，会在后面文中介绍，这里先推荐两处有名的枯山水——京都市北区的大德寺大仙院庭园和京都市右京区的龙安寺方丈庭园。

室町时代有位今滋贺县出身的禅师古岳宗亘（1465 年—1548 年），他于 1509 年成了规模宏大的京都大德寺的第 76 世住持，并于同年在大德寺院内建立了塔头寺院大仙院和它的庭园——大仙院庭园。围绕殿堂和方丈室，大仙院共有东庭、北庭、南庭三处枯山水庭园。东庭被多数学者断定是古岳宗亘的作品，大多数游人也是闻其名而来的，初见你也许会失望、诧异于它的狭窄，几百平方米的庭园还是个曲尺形，像个英文字母“L”。但你仔细观察，那逼仄的空间里竟容纳了千山万水。其山均有名，最先一部是一个石组群，它们是由大青石铺成的佛磐石、独醒石、坐禅石、鞍马石，围拢着一个龟岛……曲尺拐角处的石组群是庭园最精美之处，小小的名为蓬莱山的高台地上立着头顶浑圆、两米高的不动石，伟岸屹立的不动石旁是头顶尖尖、略显苗条的观音石，观音石后是由远山石及数块“泷添石”夹着的两块水落石，它们是落下两段瀑布的枯泷。瀑布落下，以白砂石为流水，一路向南流，钻过一道青石板桥成了大川，那里又形成了一个石组群：龙头石、达摩石、明镜石、法螺石、沉香石、布袋石等围拢着一组鹤岛……白砂流水钻过一道亭桥汇成了大海，迎面看到的是一条舟石。舟石是日本石崇拜中的一种模样、大小均如舟船的天然石，有的是一整块，有的是像船头船舱及像船尾的两块岩石对接起来的，有的地方称其为“贵船”，日本有许多叫舟石或贵船的地方，而大仙院庭园的这条舟石有“日本第一美”之评。舟石满载神山之宝行驶在大海上，它的两旁是龟甲石和比睿石，最后迎接它的是卧牛石……不大的大仙院东庭枯山水展现的是山、川、海，你坐在方丈室后的里间和书院间内看的它就是一幅山水图。方丈室后的北庭比东庭小些，但除去一个角落里长着一棵树、布着两块石头外，全由白砂石铺就，被梳理成弯曲的纹络，它表现的是一条大河川。方丈室前面的南庭全被白砂石覆盖，砂石被梳理成一条条直线，它的面积和东庭相仿，但显得辽阔无边。其为大海，海中立有两座山，但它们不是岩石，而是“砂盛”——以白砂石堆成圆锥形的立砂。北庭和南庭没有出自古岳宗亘手笔的相关记载，大概是后来人布置的，但它们和东庭呼应，形成了另一组山、川、海的枯山水组合。

龙安寺是临济宗妙心寺派的寺院，其院内有广大的池泉回游庭园镜容池，但出名的却是仅有336.6平方米的方丈庭园，那长方形的庭园中铺满白砂石，从东往西地坐落着由15块岩石组成的五座石组，它们均被一圈苔藓围拢，其他再无一物。就是这么朴素简单的龙安寺方丈庭园，却坐在日本有名的枯山水中的头把交椅上。这都与它的石组构成布局、庭园别称和萦绕其上的众多谜团有关。这些石组均无名字，人们只好从东往西地将它们编号为1组至5组，1组由五块岩石组成，2组两块、3组三块、4组两块、5组三块，1组、2组的岩石数相加等于7，3组、4组相加等于5，5组的岩石数是3，这样构成了日本“七五三”的吉祥喜庆的数字，原来作庭家是在玩数字游戏！全体的十五块岩石共同表示了吉祥喜庆，但你从庭园的任何角度看，只能数出十四块岩石，那块被隐藏的表示一个“无”字，是作庭家在与观者捉迷藏！龙安寺方丈庭园有“七五三之庭”和“虎子渡水之庭”两个主要的别称，“七五三之庭”可由上述石组的岩石数目理解，而“虎子渡水之庭”的别称。无论庭园简介或专家论述都未明指是从哪组石或全部石组得来的。虎子渡水，来自中国谚语“虎生三子，必有一彪”，彪很凶狠，能食虎子，因此母虎渡河时总是将彪驮在背上，不嫌麻烦地往返三次护其三子涉水，免得虎子与彪单独相处时被咬死。介绍和论述没有明指，观客可细辨，请注目1组的五块岩石：居中的是园中十五块岩石中最威风凛凛的，应是母虎，其身后一块中等身材、略显狰狞的岩石应是母虎背上驮着的彪了；母虎身前的浅白色的小岩石应是正随母涉水的虎子，还有两块岩石是平的，它们的背仅冒出白砂石两三寸高，它们拉开些距离地伏在母虎前后，前面的应是已登岸的虎子，后面的应是还在等待涉水的虎子……此庭园以石为主题，可列为枯山水中的石庭，关于它的作者，有创建龙安寺的室町时代武将细川胜元、同时代名作庭家相阿弥、该寺第四代住持特芳禅杰等诸说。但在对形似鲸鱼和鲸鱼尾巴的第2组岩石的研究中，人们发现“鲸鱼”外侧身上藏有“小太郎”“彦二郎”的刻名，他们是该庭的作庭家？究竟是谁营造了龙安寺方丈庭园，怕是永远成谜了。人们根据此方丈庭园之谜，还引申出“心字庭”“黄金比之庭”“五山之庭”等别称，加上当代产生的“禅之庭”“哲学之庭”“推理之庭”，别称竟达55个……

顺便提一个庭园名词——石庭。枯山水庭园以砂石和岩石构成，也允许有一些不开花的植物及苔藓作衬，但仅有苔藓作衬的枯山水而称为石庭的这龙安寺的枯山水便是有名的石庭。

面对枯山水，你可冥想世上万物万事，但作庭家布置它时都有严密的构思、寓意和象征。回到文前提到的九州的枯山水，有“日本的孔夫子”之称的朱舜水，在长崎旅居的六年中，曾受到他第一位日本弟子、柳川藩藩士安东省庵的经济援

福冈县太宰府市光明禅寺枯山水“佛光石庭”

助，他后来被水户藩主德川光国（圀）邀请去江户弘扬儒学。为给一篇关于朱舜水和安东省庵的小文配两张图片，我曾去了柳川市的净华寺，参拜其院内的安东省庵墓和枯山水庭园“三忠苑”。“三忠苑”不大，地面铺着的白砂石表示东海，砂石中卧着的一条舟石表示朱舜水渡海来日，三块立着的大石头，象征着安东省庵、朱舜水、德川光国。

福冈县太宰府光明禅寺的枯山水，是一位叫作重森三玲的作庭家 1957 年的作品。它分表庭和里庭两处，表庭名“佛光石庭”，在长方形的白砂石庭上，十五块大小不同的石块组成了一个“心”字，我想大概是洗心之意。里庭名“一滴海之庭”，它的白砂石庭是任意形状的，犹如漫延伸展的湖水和海岸，它被长满青苔的地面围拢，青苔地上长满了枫树。日人用四字熟语“长汀曲浦”形容“一滴海之庭”，说它是长河入海口和弯曲的海湾岸边平地风景。我看那景，脑中便浮出范仲淹《岳阳楼记》中的“岸芷汀兰，郁郁青青”。我曾几次于深秋时去看“一滴海之庭”，那时的红叶飘落在曲状、同心圆状的白砂石线条上，给它重叠上同样的红色曲线，让人不觉身入“一花一世界”“一叶一菩提”“一砂一极乐”“一念一清净”的美好意境。

枯山水的作庭和使用石料并非千篇一律，比如奈良吉野郡有座建于室町时代末期的愿行寺，它的庭园是仅有 218 平方米的枯山水，却立有许多立石和多组比较稳健的石组，它们表现的是阿弥陀如来、洞窟瀑布、小船、波涛、火炎，但那里的海不是以白砂石，而是以破碎的、直径 10 至 15 厘米的灰黑色的栗石（岩石碎块）铺就。和歌山县纪川市有座天台宗寺院粉河寺，寺内有处枯山水庭园，面积 1 公顷，比愿行寺枯山水大多了，而且集中了本地和外地的青石、紫石、蛇纹石多达数百块，因此建起了带石垣的豪爽巍峨的枯山水。庭中有高耸的蓬莱石、鹤羽石，光龟石石组就有两组，它们是雌龟石组与雄龟石组，最显眼的是在深山幽谷之上高悬着一座石桥，这样架出来的石桥叫“玉涧桥”，有如中国天台山方广寺的“石梁飞瀑”，这样营建的庭园被称为“玉涧式庭园”，这样的架桥和造园的流派被称作“玉涧流”，说的是他们营建的庭园有如中国宋末画家芬玉涧的水墨画。当然“玉涧流”造园不仅表现在枯山水，还有许多表现在池泉中。

露地，源自茶道

福冈市博多区内有座庭园叫乐水园，是被高楼大厦围拢的恬静之地。乐水园的墙垣很特别，叫作博多墙，是丰臣秀吉平定九州后重兴博多时，瓦工们利用被战火毁坏的瓦片、石块筑起的土围墙，它有博多独特的美感和历史感。乐水园的墙垣内是一个由枫树遮天蔽日、被竹林环绕围拢的日本庭园。弯弯一池水卧于庭园中心，池水源自一道一米多高的人工瀑布，水池上架着木桥、石桥，池旁布置着石灯笼等景饰。

乐水园，本是明治时代博多豪商下泽善右卫门于1905年修筑的私人别邸，1995年由福冈市整修成了日式庭院。依修筑样式看，它是一处池泉回游式庭园。但是，你从乐水园北部一角，又可通过石板路，穿过一道竹篱笆门，走到一座被“露地”围拢的茶室，那小小一处庭园是个园中园，它被单独称为茶庭，是茶庭式庭园。

什么是茶庭呢？简言之，它是附属于茶室的日本庭园，因为它是没有屋檐遮盖的一片地，所以又称露地，是源自茶道文

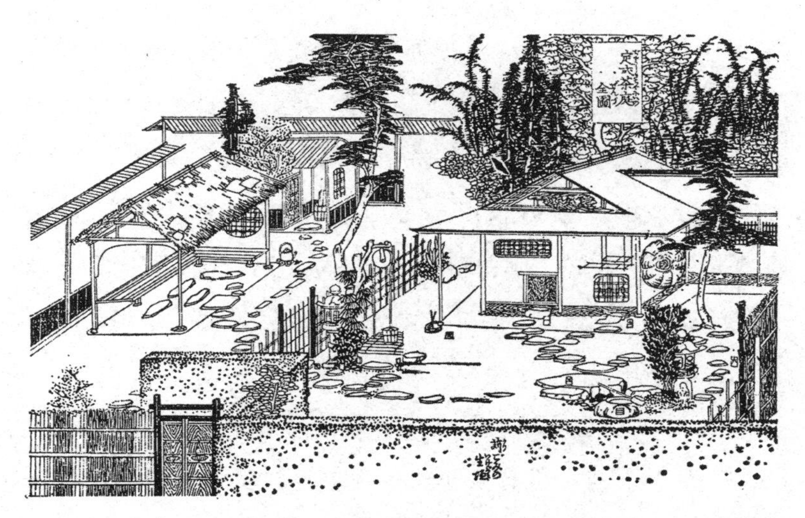

北村援琴斋《筑山庭造传》中的标准茶庭（露地），左为外露地，右为内露地

化的一种园林。

欲言茶道、茶室、茶庭，说来话长，只简述如下：奈良时代与平安时代里，茶自唐土传入日本，但以它的珍贵，饮茶仅流行于僧侣和贵族之间，是为贵族茶。镰仓时代的日僧荣西，入宋学习归来成为日本临济禅宗的始祖，他将从中国带回的茶种播种在九州，还写下了《吃茶养生记》，总结并发扬饮茶的功能为敬佛、接客、醒神、养生。他以饮茶醒神可以驱散困乏集中精神坐禅而推出了“茶禅一味”，形成了日本禅宗的风格，因而被誉为日本的茶祖，其后出现了寺院茶。

室町时代出现了流行于贵族和武士间的书院茶。室町时代中期的茶人禅僧村田珠光，师从一休和尚，达到了“茶禅一味”的境界，成了“侘茶”的创始者。他一改贵族茶和书院茶的高贵，建了草庐，在那里举行“茶汤”行事，是为草庵茶，他也因此成了茶道的创始人。村田珠光的弟子武野绍鸥将草庵茶深化并简约化，更强调精神性地建立了三张和两张半榻榻米大的茶室，总结出富含禅味的“侘”理念，进而提炼出茶道的高尚优雅品味。

商人出身的千利休在师从武野绍鸥修禅的过程中，学到了“侘”的精神，他废豪华、易简单地改良了茶道具，使茶室达到了“无”的境地。他与金井宗久和津田宗及并称为茶汤的天下三宗匠，并因为侘茶、草庵茶在他这里集大成，而成为日本茶圣。村田珠光创草庵茶时茶庭已初显轮廓，而千利休增加了通往茶室的露地及露地上的构成物，最终固定下了茶庭的模式。

茶庭或露地的构建，或因地制宜，或因茶道流派之别而略有不同，总体来说，是由木、竹、石等添景物和简单的建筑物布置出来的，其中石是重中之重。树木和竹构成了林，独立的茶庭有土围墙或砖围墙做外墙，其内还有一道竹围墙，叫作竹垣。许多露地又被一道高仅及腰的稀疏的竹篱笆和一道“中门”分成了外露地和茶室所在的内露地，竹子还被改造成引水的竹筒……石中除去石灯笼置于树下水旁作装饰外，其他各有所用、名称繁多：飞石、敷石、延段、踏石、蹲踞、前石、手烛石、汤桶石、手水钵、镜石、流水石、关守石……

初闻这些石的名称会有些晕乎，在此做点解说：飞石是庭园中用于步行、隔一步间距埋入土中的平整的石头，多块、多组飞石构成了通往茶室及其他建筑物的小道，它们或呈直线或布置成多种曲线，引出行走步伐的美态。手水钵是用天然石或人造石做的水盆，供作进茶室之前洗手漱口用。蹲踞其实是前石、手烛石、汤桶石、手水钵、镜石、水门、水琴窟等一组石头的总称，手水钵前侧的前石供人蹲踞，手水钵左侧的手烛石为夜间举行茶会时放置蜡烛或手提灯笼照明所用，右侧的汤桶石则为冬天茶会放置热水桶用（此左右是茶道表千家流派的置石法，而里千家反之）。水门是用砂石和小石头铺就的地面，用来接手水钵中溢出的水和洗手漱口用过的水，可避免水花四溅，它又叫作“海”，“海”之下埋着一个排水用的倒置的陶瓮，“海”中水滴滴入瓮中会发出如琴之声，所以称作水琴窟。

蹲踞，原为汉语词，是一种屈膝蹲坐的姿势，比如日本相扑两名力士出场时两腿分开蹲下的姿势便是蹲踞，而茶庭的蹲踞不仅是指一组石头，更是指茶人在手水钵前洗手漱口的姿势。它或是左腿蹲、右腿跪但膝盖不着地，或是双腿屈膝蹲坐在手水钵前洗手漱口的姿势。关守石，是一块或圆或方的、有两手抱拳之大的小石头，用染黑的棕绳在上面绑出十字结来，放在一块飞石上，表示“请止步”。

露地中置放的关守石，表示“请止步”。

说到蹲踞和手水钵，可想起日本三庭园之一的金泽市兼六园中的茶庭夕颜亭，它建于1774年，是园中最古老的建筑物，那里有两个手水钵，一个叫竹石根手水钵，是古代椰树根的化石；还有一个叫伯牙断琴手水钵，它是350年前由名匠以黑石研制的，上面刻有伯牙抱琴卧姿。说到关守石，可想起爱知县犬山市的庭园有乐园，里面有日本三个国宝级茶室之一的如庵，如庵的露地里放置的关守石就比较多，以提示游人止步，保护国宝。

茶庭中的简单建筑物有两种，叫“腰掛”和“雪隐”，即休息室和厕所。“腰掛”是个没有门脸的木棚，内置长木凳，供人落腰坐下，它又分成置于外露地的“外腰掛”和置于内露地的“内腰掛”。“雪隐”原本也是汉语词，指的是禅林厕所。它分成“下腹雪隐”和“砂雪隐”，前者置于外露地，可行方便，后者置于内露地，以砂石和石块铺就，并无坑，是装饰。

好了，让我们当一回参加汤茶或茶会的人，经过露地，去一回茶室学习茶道：进入茶庭先在“外腰掛”静坐，等待叫作亭主的茶会举办人或茶道老师的召唤，此时你可目览露地景色，腹中告急的话先在“下腹雪隐”方便掉。得到召唤的示意，脚踏飞石进入中门，在“内腰掛”坐下，再听召唤，走到蹲踞的前石以上蹲踞姿势，取用木制或竹制的长柄水勺从手水钵里舀水洗手漱口。好了，你可以跪进茶室了。

回到文首的乐水园，我是从一个只有二尺二寸（66厘米）见方的如窗之门——躙口，拧着肩膀跪进茶室里的。那“躙”即“蹂躪”的“躪”，不仅平民百姓，哪怕巨商武士，你也得被蹂躪一番方能进茶室，武士带的刀得悬在躙口外壁上。我作为访客进得茶室，除去后来献上的一碗抹茶，见到室内饰品只有瓶中一枝花、壁上一幅字，上书“平常心是道”。

数次穿过露地的中门进茶室，脑中会浮出三顾茅庐中诸葛亮的草庐形象，几度游览茶庭，虽隐约能听到水琴窟里传出的水滴声，仍会想起柳宗元“千山鸟飞绝，万径人踪灭”的名句。茶庭或露地，有“市中山居”或“市中山林”之称，有说它有洗练、素雅、清幽的风格，有说它具有和、寂、清、幽的茶道氛围与禅宗的意境，我更赞同有人借“侘”“寂”两字来说它的美学境界。

千利休死后，其养子兼女婿继承了他创立的残月亭“不审庵”茶室，成为茶道表千家流派，其孙宗旦将残月亭“不审庵”茶室让给了第三个儿子，自己另建茶室今日庵“又隐”隐居，后由第四个儿子继承，成为茶道里千家流派，进入近代又从里千家中分家出来个武者小路千家的流派，这三个流派的师家分别是千宗旦的三个儿子，它们后被人合称为“三千家”。

我们可以在京都市上京区小川通，看到相邻的表千家不审庵露地和里千家又隐的露地，你会发现它们有许多不同之处，先说手水钵：不审庵露地有两个手水钵，分别设于外、内露地，其蹲踞的手烛石在手水钵左侧，汤桶石在右侧；又隐露地有三个手水钵，设于外露地的“小袖手水钵”是千利休生前所爱用之物，内露地有两个手水钵，一个在茶室又隐后面，一个设于又隐前，名“四方佛手水钵”。它呈四方形，前面刻有佛像，从这组蹲踞明显地看出手烛石在手水钵右侧，汤桶石在手水钵的左侧，设置位置与表千家正相反。还有不同处是，不审庵露地已将“侘寂”之美表现得尽致，而又隐露地面积较前者更大，设置物又少，它的“侘寂”比不审庵露地更上一层楼。位于上京区武者小路通的武者小路千家官休庵，内有由半宝庵、环翠园、行舟亭和祖堂利休堂组成的建筑物，最深处才是茶室官休庵。它的露地比较狭长，布置

川濑巴水浮世绘《雪庭的圣诞老人》中的日本庭园

着飞石和不开花树木，依次是类似门房的“供待”、露地口、蹲踞、石灯笼、蹲踞、外腰掛、水井、石桥四方佛蹲踞、编笠门、内腰掛及其旁的下腹雪隐……布局很典范，其无边墙，进须低头，顶如僧人竹斗笠的编笠门是官休庵的象征。

茶庭或露地，多附属于不同流派的茶道茶室院内，它在日本各地皆有，最多的当然在日本禅宗和茶道发源地京都及奈良那样的有着很多寺庙和庭园的古都。茶庭或露地，还存在于池泉庭园和其他综合性庭园之中，比如上述福冈乐水园本是池泉回游式庭园，比如更有名的京都府八幡市松花堂庭园，是更大的池泉回游式庭园，园内有着更有名的茶室和露地。松花堂庭园分为内园和外园两部分。内园前方有一座战国武将小早川秀秋于1560年寄赠的一座书院，内园后方的松花堂本是江户时代初期精于绘画、书道、茶道的僧侣松花堂昭乘，于1637年修筑的草庵茶室。外园是种有400种竹子的池泉回游式庭园，内有称作松隐、竹隐、梅隐的三个茶室，因为它们分别隐藏于松林、竹林、梅林中。这些茶室都附有露地，当然可称茶庭。今日松花堂外园还设置了美术馆，保存着松花堂昭乘的书画及其朋友的作品。

爱知县犬山市犬山城东侧有一座属于名古屋铁道的庭园“有乐苑”，它的东西两侧围有竹林、茶花园、草坪和一个小小的庭园，而中心部有一座“旧正传院书院”和三座茶室——“元庵”“如庵”“弘庵”，这些建筑物的建成跨越了四百多年的历史，而且曾几度移建。战国时代的名将织田信长的弟弟织田长益本是大名也是茶人，他是千利休的弟子“利休十哲”之一，茶号“有乐斋”。1618年他为了隐居，在京都建仁寺中的“正传院”中建立了“正传院书院”和“如庵”。明治维新的“废佛灭释运动”将同在建仁寺中的“永源庵”给废了，“正传院”也荒芜了，1873年“正传院书院”移建到了“永源庵”的遗址上，“如庵”则被赠送给了祇园街上有能力接受的人。它们于1908年被三井财团买下移筑到东京，又于1938年被三井财团移筑到神奈川县，最后是名古屋铁道公司将它们购下移筑到了爱知县犬山市的“有乐苑”中。“元庵”本是织田长益在大阪宅邸的茶室，后来按其旧图复制于“有乐苑”，“弘庵”则是1986年为举办茶会新建的。

却说经过几番移筑，“正传院书院”变成了“旧正传院书院”，成了日本重要文化遗产，其内存有跨越安土桃山时代和江户时代的名画家长谷川等伯、狩野山雪等人画的障壁画，这些早已成了日本美术史的珍贵资料。“如庵”是带着露地移筑的，它成了日本国宝级三茶室之一（另外两处是京都妙喜庵的“待庵”和大德寺龙光院的“密庵”）。如庵是个二张半台目（两张半茶席加一张茶具架垫）大的歇山式屋顶茶室，底座宽3.5米、长7.5米，从东京往神奈川县移筑时并未将其拆卸，而是用一台大型卡车整件搬运，可见它的简朴和轻巧。茶号“有乐斋”的织田长益自立了“有乐斋流”茶道，如庵的拉门下方贴着“历张”（古月历）、用竹子做成的“有乐窗”、躏口设在凹处，这些都是有别于其他茶室的独到之处。如庵茶室的有名还在于它的露地，露地的飞石、敷石、延段、腰掛、雪隐……应有尽有。露地内有一座石灯笼，乃日本三忠臣之一的南北朝时代的廷臣藤原藤房家之物，十分珍贵；另有一珍是叫作“佐女牛井”的石井，佐女牛是京都地名，那里地下的软水是出了名的优质饮水，早在平安时代就打了水井，其水被茶人村田珠光、武野绍鸥、千利休、织田有乐斋所爱，二战时水井被政府强制撤除，那石质的井口转来转去转到了如庵露地中；再有一珍是一组有乐斋流的蹲踞，其具备表千家的手烛石居左、汤桶石居右的特点，而居中的手水钵名“釜山海”，它是随丰臣秀吉征韩的战将加藤清正从釜山带回来的。总之，如庵及其露地像是在述说着日本的庭园历史。

本段文字中将茶庭和露地来回混合使用，是因为茶庭即露地，而段落的文题使用露地，是因为日本学者或书籍中多将日本庭园三大形态写作池泉、枯山水、露地。文中有造成读者阅读混乱之处，还望见谅。

第二章
日本三名园及借景、缩景式庭园

日本三名园

日本常从景物、建筑、食物、自然山水、祭日活动等物中选出“三大”“三名”来。比如日本三景——宫城县的松岛、京都府的天桥立、广岛县的宫岛；比如三大松原（松林）——静冈县静冈市的三保松原、福井县敦贺市的气比松原、佐贺县唐津市的虹之松原；再比如三大祭——东京神田祭、京都祇园祭、大阪天神祭。而从庭园中选出的日本三名园则为金泽兼六园、冈山后乐园、水户偕乐园，它们都是著名的大名庭园。

金泽兼六园是加贺藩前田家的庭园。加贺藩领地包括今石川县和富山县一部，筑城金泽，是享百万石奉粮的大藩。兼六园是从加贺藩第五代藩主前田纲纪到第九代藩主前田齐太，历时170年所建成的大名庭园。最初曾称莲池庭，直到1822年，已退位的前田齐太藩主，请深谙汉文学和造园的原幕府老中（将军直属幕僚）松平定信挥毫写下了“兼六园”三字。中国北宋诗人李格非著作《洛阳名园记》，记载了洛阳19处名园，其中记“湖园”文中有句：“洛人云，园圃之盛不能相兼者，六务。宏大者，少幽邃。人力胜者，少苍古。多水泉者，艰眺望。兼此六者，惟湖园而已。”松平定信将加贺藩庭园命名为兼六园，是说它宏大、幽邃、人力、苍古、水泉、眺望六胜兼备。

为满足加贺藩主所居金泽城的用水，人们从十里外的犀川上游以逆虹吸原理，通过明渠暗道涵管，修了一条“辰巳

金泽兼六园霞池（东博摄影）

用水”道，中途在兼六园置出水口，流出了几道弯的“曲水”，注出了“金城池”“长谷池”两个迷你小池和两片不小的水池“瓢池”“霞池”，使得兼六园成了名副其实的池泉回游式庭园。霞池正中有筑山形成的中岛，名蓬莱岛，从上方看去形似龟，故又称龟甲岛，龟背上驮着苍松白梅。霞池边立着一座石灯笼，它以两条弧形的石“脚”支撑，一脚长4米，立于池水中，一脚高80厘米，蹬在护岸石上，造型优美，名“徽轸灯笼”，因它那双脚极像古琴捻弦的徽轸。兼六园中有千岁桥、雪见桥、雁行桥、黄门桥、虹桥等多座造型各异的桥，那虹桥呈弧形，是长5米的一条石板，它距“徽轸灯笼”很近，你站在其后方往石灯笼望去，它就像古琴，而石灯笼的脚确实像琴下的徽轸。金泽兼六园广十公顷，园内景观景饰多多，但这座不算很大的“徽轸灯笼”却成了庭园的标志，这是很少有的。

从霞池流出之水经一道叫“翠泷”的瀑布落下，汇成了瓢池。翠泷以布石形成，高六米半、宽一米半，薄如绢、细如帘、声悦耳，它是仿日本第一瀑布——和歌山县那智泷而造的。翠泷进瓢池前又经层层垒石，落出十几道小瀑布，虽小但因其数量之多，显得十分壮丽。瓢池中有三个小岛，分别是蓬莱、方丈、瀛洲；它的池岸边有座夕颜亭，是将兼六园称作莲池庭其时所造的“莲池庭四亭”之一，它是茶庭，也是兼六园庭园唯一保持原状的建筑物，庭前布有踏石、飞石、手水钵，显见是一片露地（日本庭园三形态之一）。有意思的是庭前有两个手水钵，一个叫“竹根石手水钵”，它看上去像竹根部的化石，实际是椰子类植物化石；另一个叫“伯牙断琴手水钵”，它是贺藩第五代藩主前田纲纪请京都的金工后藤程乘研制的，半边是洗手池（盆），半边是伯牙抱琴卧睡的雕刻。

“莲池庭四亭”的另外三个亭是时雨亭、内桥亭、舟之御亭。看地图，兼六园与金泽城仅一路之隔，历史上，其旁是一片武士屋敷。1759 年，金泽城和金泽町遭遇大火，那三座亭也随庭园中其他建筑烧毁，后又经其他藩主重建。时雨亭也是个茶亭，是柿葺（柿木薄板铺顶）的木造房屋，前有池水和颇宽的草坪，有多个宽绰的榻榻米房间，现营业，提供抹茶和茶点。很有历史的内桥亭，被利用为提供饮食和售卖土产品的商店。舟之御亭是个船型的“四阿”（望亭），它的下面是一片梅林，可在梅花开时居高临下欣赏花海。

庭园中最大的建筑物是成巽阁，本为加贺藩第 13 代藩主前田齐泰为其母亲修建的隐居之地。它也是个茶室，其内包括茶室清香轩、清香书院、飞鸟庭，实际是个独立的庭园。它被浓荫遮掩，曲水穿廊下而过，庭石油亮，呈现阴郁之美。

兼六园的水池中有筑山，池岸旁还有更大的筑山——七福神山、荣螺山、鹡鸰岛、山崎山等。七福神山上立着七块自然石，它们象征着日本的七位福神，也象征着中国的竹林七贤。

荣螺山是掘霞池土再砌石而成的山，高 9 米，因人须沿石阶盘旋而上，还因其形如叫作荣螺的海螺而得名，其上立有方方正正的三重石塔。鹡鸰岛其实是个水边土坡，上立阴阳两块扁石，一块表示男性，一块表示女性。鹡鸰本是一种小鸟，一只离群其余皆鸣，中国有成语“鹡鸰在原”，比喻兄弟共处患难，不顾生死相互救援。而日本则以鹡鸰喻夫妇和睦、子孙繁盛。东京六义园的妹背山上也有一对鹡鸰石。

兼六园内树木花草繁盛多彩，景色因四季而变幻。值得一提的是园内之松，一棵“根上松”，高 15 米，挺立在露出地面的 40 多根树根上，其上伸出的枝杈针叶则像片片云霞，它是树苗刚长成小树时便除去地面上的土，使一半的根露出地面生长成的。六株“唐崎松”是藩主前田齐泰取琵琶湖名树唐崎松的种子种植而成的。在每年 11 月初，园丁们便贴着它们的树干立起高高的柱子，再从柱顶放射式地拉下数十根绳子，固定在土中，做成伞状的“雪吊”，以保护这些老松的枝杈不至于被冬雪压断。那“雪吊”到 3 月再拆除，它们造型很美，成了兼六园中仅亚于“徽轸灯笼”的第二个标志……

冈山后乐园，是冈山藩初代藩主池田光政营建的庭园，建于旭川入海口内的沙洲上，四面环水，总面积 14 公顷，其中水池 1 公顷、草坪 2 公顷、曲水 640 米。它与藩主居城冈山城仅一河相隔，本是藩主休闲的园地，早年称御茶屋御屋敷，

1687年起，家臣津田永忠受第二代藩主前田纲政之命规划建造庭园，历经14年完工。第三代藩主继政造起了6米高的筑山——唯心山。1871年，冈山藩末代藩主将其更名为后乐园，它的园名和东京的小石川后乐园相同，取自“先天下之忧而忧，后天下之乐而乐”句。

后乐园内有三池，小池“花叶之池”有个小瀑布，池中种满了莲，“花叶”指的是莲花荷叶。另一小池“花交之池”的池中有石块垒砌的百石岛，池岸上有座茶祖堂，是个不大、也不常使用的茶室，它祭祀着“草庵茶”的缔造者千利休和冈山出身的日本茶祖荣西禅师。园中心的大池名“泽之池”，池中筑有三岛：中岛、御野岛、砂利岛。中岛上面有茶屋，名“岛之茶屋”；御野岛上有个小亭叫钓殿，是个钓鱼台；砂利岛则铺满白砂石，岛上立青松。“白砂青松”是句日本熟语（复合词），指的是日本海岸的美丽风景。

泽之池和筑山唯心山构成了后乐园的中心，唯心山是个草山，圆圆的，绿绿的，山上卧着巨石，长着被修剪成圆咕隆咚的山茶花。唯心山南有处廉池轩，古时轩前水种莲，曾称莲池，是个赏莲的好地方，今莲移别处，改为廉池，成了举办小规模婚礼的好地方。唯心山北有一处建筑物叫“流店”，是个二层茶亭，园中的曲水从其一层正中流过，变成直线，水中布置着六块珍奇的石块，它供藩主及贵宾游园时休息所用，也可举办曲水之宴，这种水从屋中过的建筑形式也很珍奇。“花叶之池”前，有延养亭、鹤鸣馆、“荣唱之间”三处相衔的建筑物。延养亭是藩主的别邸，朴素大方，是整个庭园中最重要的建筑。鹤鸣馆曾是藩主接待宾客之地，曾毁于战火，今日见到的鹤鸣馆是移筑来的山口县岩国市旧望族吉川家的家邸。吉川家家邸是一座武家屋敷，很宽绰，今日常租给举办和式结婚典礼的人使用。“荣唱之间”是个能乐舞台，过去的藩主招待他的家臣和百姓来观看能乐表演，今日也常有能乐和其他古典歌舞表演。后乐园中还有马场、弓场，所有这些都表现着江户时代大名的文武两道。

冈山地区的土地，本由包括旭川等数条河流入海形成的冲积平原和在浅滩开垦出的“干拓地”组成。后乐园初建时也有改造河滩成农地的想法，便在园中开垦并保留了大片农田，引“曲水”灌溉，也因此曾名“御菜园”，园中雇用着许多农工。第五代藩主治政，遇到了财政窘困，于1771年左右开始提倡节俭，减少雇农，将园内大片农田改成了无须过多管理的草坪地，这就是它在今日大名庭园中草坪占据庭园面积最多的原因。庭园和草坪四周，有着梅林、枫林、松林、竹林、茶田、井田（保留下来的一片稻田），这样的自然美景和田园风光的糅合，也是其他庭园中见不到的……

水户偕乐园，是水户藩德川家的庭园，水户藩是赐姓德川的“御三家”之一，俸禄三十五万石。领地属今茨城县中部和北部，

水户偕乐园（东博摄影）

藩厅在水户城。偕乐园是水户藩第九代藩主德川齐昭在水户城旁于1842年开园的。园名有“与民偕乐”之意，典出《孟子·梁惠王上》之“古之人与民偕乐，故能乐也”。偕乐园并未刻意筑山，而是顺千波湖旁的七面山之势开辟的，园之特色是林，尤其是梅林，还有面积颇广的杉树林、孟宗竹林、细竹林、樱树林，而面积最大的梅林中，种植着百多品种、三千株梅树。

偕乐园有几座茅葺的外门内门，有“偕乐园记碑”“仙湖暮雪碑”“观梅碑”等多处石碑，而论建筑物则只有山坡上的“好文亭”，和其北侧与之相连的“奥御殿”。好文亭不是中国概念的亭，是个二层三阶的楼，一层即第一阶，有廊屋和十个房间，其拉门和墙壁上绘有与房间名字相应的菊、桃、松、竹、梅、樱、荻、红叶、杜鹃花的饰画。它的第二层被两段台阶隔成了第二阶和第三阶，第二阶叫“武者控”，起瞭望、防止外盗作用，第三阶叫“乐寿楼”，登此楼既可展望千波湖（即仙湖），更宜赏梅花。“好文亭”本身就取名自晋武帝司马炎“好文则梅开，废学则梅谢”的故事。好文亭的一角有个简陋无华的草庵风茶室“何陋庵”，有四张半榻榻米大，名“何陋庵”，其名出自《论语》的“君子居之，何陋之有”句，何陋庵外附带着一片露地。那“奥御殿”则是一栋茅葺屋顶的木造平屋。

从何陋庵沿石阶铺成的“七曲坂”北上，可看到一座由大理石围拢的“吐玉泉”，它是茶室何陋庵的取水处，涓涓溢出的泉水汇成了园中唯一的一沟水，水中虽躺着大石，却称不上池。偕乐园未被称作池泉回游式庭园，而是称作自然风景式露地庭园。它的池是旁边阔达 0.33 平方公里的千波湖。

偕乐园是藩主自家的大名庭园，但自开园起便对一般藩民定期开放，或招待老人，或请文人雅士赏梅、作诗，可谓“与民偕乐”。德川齐昭在开园前先开了藩校“弘道馆”，偕乐园则成了供藩校藩士们紧张学习之余用来放松的地方，偕乐园中的《偕乐园记》记有《礼记》的“一张一弛”句，指弘道馆为“一张”，偕乐园为“一弛”。今日的偕乐园则是包括了千波湖公园在内的、面积达 300 公顷的、可免费入内的巨大都市公园。偕乐园中有许多中国元素，少见道家、佛教影响，重视的是儒家思想，是因为德川时代是儒家思想在日本第二次兴起的时代，而水户藩第二代藩主德川光国又是日本儒学水户学派的奠基者，这种思想一直传到了修筑偕乐园的第九代藩主德川齐昭。我们还可上溯到德川时代初期的1629年在江户建造的小石川后乐园，就是德川光国听取了明末大儒朱舜水的意见，建造并取“先天下之忧而忧，后天下之乐而乐”之意所命名。

日本人在唐朝诗人中最敬白居易，白居易诗《寄殷协律》中有句“琴诗酒伴皆抛我，雪月花时最忆君”。日本人爱用那“雪月花”来表示景物之美，比如“日本三景”中的天桥立是雪景好、松岛是月景好、宫岛是花景好，而在三园中则是兼六园以雪称、后乐园以月称、偕乐园以花闻名。为什么？雪景在兼六园最有魅力，尤其“根上松”“唐崎松”枝杈上的落雪和雪吊在灯光下的光景最惹游人；后乐园中保存着珍贵的江户时代的“月出之图”，表现了仲秋夜之月落在周围诸山上的位置，而今日每年中秋，都会举办“名月观赏会”；偕乐园的花当然指的是满园梅花了。

借景式庭园：无界的风景

和中国园林一样，日本庭园也有借景的手法。它将庭园外面的景观借来，使之与庭园内景观合成一体。日本借景多是借来近处山林、竹林、古城和远处山峦。许多大名庭园就修筑在藩主居城旁边，那城自然成了借景，借山的以借佛教名山比睿山为多，还有借景京都风景优美的岚山的，比如京都天龙寺既借景了近处的龟山又借景了远处的岚山，当然还有借景各地名山的……其中有处仙岩园很值得一看。

鹿儿岛县鹿儿岛市临海湾锦江湾，湾内有座活火山樱山，在那海湾旁有处庭园叫作仙岩园，背靠矶山，又名矶庭园。它是昔日岛津藩主岛津氏的别邸。1658 年，第二代藩主岛津光久将它改造成了庭园。这位岛津光久，曾出席德川光国在江户小石川后乐园举办的招待会，当德川光国还在向众大名解释“后乐”的意思时，岛津光久就急着脱光衣服下池游了一通泳，上岸后发了通诸如“此池造得好”的感慨，因此留下一段逸话。岛津光久造的庭园，后又经多代藩主改建，成了仙岩园，河流保津川从中而过，留下两个水池后汇入锦江湾。

仙岩园居中的御殿曾是藩主别邸，它后面山上立着一块 11 米高的岩石，它不是天生长在那里的，而是 1814 年由藩主动用数千人工、费时三个月抬上去的，上书“千寻岩”，是像泰山“五岳独尊”那样的石刻。在中国多处名山也可见到此类石刻题字，而在仙岩园那么大的岩石上刻字，在日本庭园中仅此一例，许是因为萨摩藩受过中国文化的影响，仙岩园园名的“仙岩”或许指的也是它。萨摩藩是西方火枪最早传入之地，

鹿儿岛仙岩园借景来一座火山和一片海湾

仙岩园内有“岛津家水天发电所纪念碑”、反射炉（熔铁炉）遗址、保存完好的由熔铁铸成的巨炮，它们都有150年以上的历史了，说明萨摩藩以制铁、造船、纺织形成的近代工业也早于其他地方。

除去“千寻岩”，仙岩园内有很多其他岩石造型物，比如伏在草坪之中的“龟石”是数块石头拼成的大乌龟。园内有许多石灯笼，随处可见雕刻而成的立灯笼，亦有如“鹤灯笼”和“狮子乘大石灯笼”这般与众不同的灯笼，除去中间的“火代”（灯）是加工的，它们的灯台、灯罩都是由选自海岸边的自然石组成的。“鹤灯笼”的灯罩是块大石片，形如展翅飞翔的仙鹤，能清晰辨出鹤头、鹤尾、羽毛。“狮子乘大石灯笼”的灯罩也是块大石片，石片之上倒立着一头张大着口的狮子……它们的与众不同在于一般的灯中置放的是蜡烛，而这两个灯中放着煤气灯，它们是日本最早使用煤气的灯。

仙岩园水池南面有座中国风味的“四阿”（望亭），名“望岳楼”，里面铺着两百多块地砖，据说是仿阿房宫的地砖。此楼是琉球王赠送给萨摩藩第二代藩主岛津光久的，作为琉球使者与萨摩藩主会面之用。仙岩园的西部有一片竹林，名“江南竹林”。1736 年，萨摩藩第四代藩主从琉球引进了两株孟宗竹，种在园中，多年后成了林。日本本无孟宗竹，现在日本竹市场上孟宗竹占据了较大比例，它们都是从“江南竹林”引种去的。而琉球的孟宗竹是中国人带去的，它产自江南地区，所以那片竹林叫作“江南竹林”。仙岩园有许多琉球和中国色彩。

1958 年，仙岩园被指定为日本的国家级名胜，次年在整理挖掘中，人们又于江南竹林南侧发现了一条被埋藏了多年又保存完整的“曲水”，证明了作庭之初，属于武家的岛津家常在那里举办曲水之宴。此后，它被引进流水重整周围环境，营建成曲水之庭，历年举办曲水之宴。与太宰府天满宫曲水之宴定于三月的第一个星期天不同，仙岩园的曲水之宴，定在四月最初的星期日，大约符合阴历三月三的上巳节。太宰府天满宫有着梅花形的“神纹”，那里曲水之宴的参宴者的着装为平安时代进宫朝礼的官服和皇族女性的正式礼服，仙岩园属于武家庭园，那里曲水之宴的参宴者的着装则是武家礼装。

仙岩园园广 5 公顷，是个平庭，园中没有很高的筑山，池泉也不大。但在园中漫步或坐在亭中歇息，都能见到碧波万顷的锦江湾和终年冒白烟的火山樱岛，没有了大的池泉，没有了高的筑山，它们被借景于园中，因此显得波澜壮阔、雄伟壮观。其他借景式庭园借到半山或山峰，而仙岩园则借来了一整片海湾和一整座山，堪称日本借景庭园的代表。

缩景式庭园：苏杭景色在日本

日本庭园的营建有借景的手法，而缩景更是基本手法，它将大自然的山川大海及传说中的圣山、仙山、神山缩小，纳于庭内以供观赏游览。缩景表现在大多数的日本庭园里，比如水前寺成趣园的筑山“富士山”，将海拔 3 776 米的富士山缩小到 20 米高；比如桂离宫的“天桥立”，是将日本三景之一的长达 3.6 公里的“天桥立”缩小到了长十几米、宽不足两三米；更多庭园池泉中的蓬莱山、富士山不过是一块或几块岩石……而在广岛有处大名庭园则直接命名成了缩景园。

缩景园在广岛市中，西距广岛城不远，紧邻广岛县立美术馆。它是广岛藩浅田家初代藩主的别邸，藩主命家老（武家重臣）上田宗箇在别邸中营造了庭园。上田宗箇曾在做丰臣秀吉的家臣时屡立战功，又是精于茶道的茶人，有“武将茶人”之称，他还是位造园家，来广岛之前曾营建了今在四国德岛市的“德岛城表御殿庭园”。广岛藩第二代藩主，请朱子学派大儒林罗山为他的诗集作序，序中写有“缩海山于其地，聚风景于此楼”句，此句被推认为缩景园雅号的来源。第五代藩主为园中的山、池、溪、桥和建筑物冠上了雅名，请其属下儒者堀南湖写下《缩景园记》，是为缩景园首次见于文字。第六代藩主时庭园遭遇大火，建筑物大多被焚毁。第七代藩主从京都请来作庭师清水七郎右卫门，对其大作改修，修筑了缩景园的象征跨虹桥，和武家社会实用的御茶屋、避火场、调马场，形成今日能看到的园景。1945 年，第一颗原子弹落到广岛，除大理石造的跨虹桥外，经广岛藩历代藩主营建的缩景园也被摧毁，后经三十余年才完全修复起来。

我们可以依具有诗情画意的庭园雅号和景胜雅名，来回游缩景园。

全园被东面的迎晖峰（高 10 米）、北面的祺福山（高 5.8 米）、西面的丹枫林（小丘陵）所抱拢，看那些峰山高度，当是堆土筑山。诸山抱拢的是一片水池，名濯缨池，它是杭州西湖的缩影，而整个庭园都表现着西湖风光。池中池岸架着跨虹桥、映波桥、昇仙桥、望春桥、杨柳桥、夹籁桥、东岭桥、踏云桥、龙门桥、虎踞桥、观澜桥、洗心桥、锦绣桥、石蟾桥……总计 14 座。映波桥为国人所熟悉，是西湖苏堤六桥南

广岛市缩景园跨虹桥

面的第一座桥，跨虹桥更为人熟悉，是苏堤北面的第一座桥，其为半圆石拱桥，造型极美。横跨濯缨池的缩景园跨虹桥，桥名取自西湖跨虹桥，造型也模拟着它，只是规模缩小到原来三分之一左右——西湖的跨虹桥桥长 21 米、桥孔跨度 8.1 米，濯缨池的跨虹桥连桥带堤共长 28 米、桥孔跨度 2.8 米。濯缨池的跨虹桥及堤，由磨光的花岗石砌成，因其精致小巧，显得愈发美丽，它成了缩景园的标志。

濯缨池被跨虹桥划分为东西两部，东部水中有小蓬莱岛、清莲岛、烟云岛、绿龟岛、昇仙岛、杨柳岛、望春岛，西部池水中有积翠岩、水心岛、蓬莱岛、滴翠岛、苍雪岛、绿蘋洲、兰舟屿、超然岛。这些岛虽小，但均有容得多株黑松生长之地。西部的岛，除去以数块立置岩石组成的积翠岩呈鹤形外，余者均是龟形岛。

园内主要建筑有清风馆、悠悠亭、明月亭、夕照庵、超然居。它们很均匀地散布在池泉旁。最大的建筑物清风馆居中，原为藩主别邸，是个数寄屋造的茶室。其他建筑物以其为准分布在各个方向，濯缨池东岸的悠悠亭，是座茅葺顶的“四阿”（望亭），它以木柱支撑在池水中，很像水榭，过去藩主常在那里举办茶会和歌会；池西北的明月亭是茅葺顶茶室，面积较大，门屋、控屋、茶室、水屋俱全；池西的夕照庵亦是茅葺顶茶室，东边的迎晖峰迎接朝阳，它在西边迎来夕照；濯缨池坐落在最大的筑山岛超然岛上，可经观澜桥和洗心桥登岛，岛上的超然居是座茅葺顶的“四阿”。这四处亭、庵、居均布局有趣，悠悠亭与夕照庵隔着跨虹桥遥遥相望，明月亭和超然居近近地隔池相对，无论哪一处都能纵览池景园景。茶室、茶亭，缩景园的所有建筑物都与茶关联，不愧为武将茶人上田宗箇始建的庭园。

缩景园东角有四块小小的水田，名“有年场”，过去藩主在田中插上四株稻秧，以祈愿五谷丰登。今日每年 6 月举办“田植祭”，在笛鼓声中，由身着农妇衣服的“早乙女”（插秧女）插秧，随后举办茶会。几条溪流汇成了濯缨池，溪水来自迎晖峰和祺福山背后的猿猴川。濯缨池西南通往超然居的朱红

鹿儿岛仙岩园的鹤灯笼

色的观澜桥前，立着个巨大的石灯笼，是“杨贵妃形石灯笼”。进门右手边有座牡丹园，丹枫林小丘陵自然长着枫树……

广岛缩景园是杭州西湖美景的缩景，缩景园跨虹桥是苏堤跨虹桥缩小版再现，它是典型的缩景式庭园。

第三章

此岸与彼岸：贵族文人与佛家的庭园

“造”：几种庭园建筑样式

庭园包括主要建筑和园林两部分，日本庭园建筑样式有寝殿造、武家造、书院造、数寄屋造等多种。

寝殿造确立于平安时代，是贵族阶层用于居住的殿堂，也包括了庭园，它们注重景观与自然之和谐，体现了高雅纤细的贵族美意识。殿堂很大，厅房很多，一般经“渡殿”进入主殿，主殿是主人居住的“寝殿”，通过长廊连接东西两侧的“对殿”，对殿通过长廊向南拐，连接着“钓殿”，钓殿半身伸进水池，构成一组寝殿造庭园。流水大多是从东对殿那边引来的遣水，而寝殿面对的是水池。池水中有中岛，由北面的反桥和南面的平桥连接着两岸……日本有些书作总结说日本庭园不像西方园林那般讲究对称，也不如中国园林般注重方向方位。

而由寝殿造的布局来看，这一说法并非完全正确。寝殿造庭园的东西对殿及东西钓殿均很对称，寝殿坐北朝南，池泉在寝殿之南，这都说明其设计对于方向方位很讲究。奈良时代是接受中国文化和佛教传来的时代，奈良（平城京）和京都（平安京）是仿长安洛阳的城市格局，其殿堂也是坐北朝南的，庭园也受到中国园林的影响，其中的净土庭园也讲究一个西方净土的东西格局。

如今完整地保存的寝殿造庭园是没有的，但有一些复原的模型、半复原的和全复原的寝殿造庭园。

藤原家是平安时代的大贵族世家，此家在京都的“东三条殿”是个典型的寝殿造庭园，从它的复原模型中可看到寝殿、对殿、长廊、泉殿（钓殿）、遣水及它们围拢的池泉、反桥平桥、池中岛屿，大有皇家宫殿皇家园林气派。富山县越前市有座“紫式部公园”是个半复制的寝殿造庭园。写下《源氏物语》的紫式部幼年丧母，18 岁时随担任越前守（令制国越前国的最高长官）的父亲藤原为时在越前住过两年，20 世纪 80 年代作为越前市都市建设的一环，人们将他们住过的官邸半复原成了寝殿造庭园。“紫式部公园”复原的是寝殿和东对殿的基础、一座钓殿、遣水和池泉、洲浜和水中立石，并增添了紫式部像、紫式部歌碑和藤棚，全扁柏木造的钓殿、朱红色的反桥、金色的紫式部立像、明镜般的池水，都美得令人惊叹。

发掘并全复原的寝殿式庭园有京都平等院凤凰堂和岩手县毛越寺等，留在后面述说。

武家造建筑出现在武家当权的镰仓时代，对比之前的贵族化的寝殿造建筑，它注重实用性和简素化，附属的庭园虽有些变化，但毕竟传承于寝殿式庭园，像钓殿等建筑物还是保留了下来，虽然简朴了些，但园主也属武家的大名藩主，更注重寻找名石名木来显示他的权威，将自己的庭园修筑面积扩大到寝殿式庭园的数倍之大，也融进了更多的自然景色。

书院造建筑及庭园，自室町时代抬头，寝殿式庭园为贵族、文人所建，武家虽是武人，骑马射箭抡大刀是本领，但他

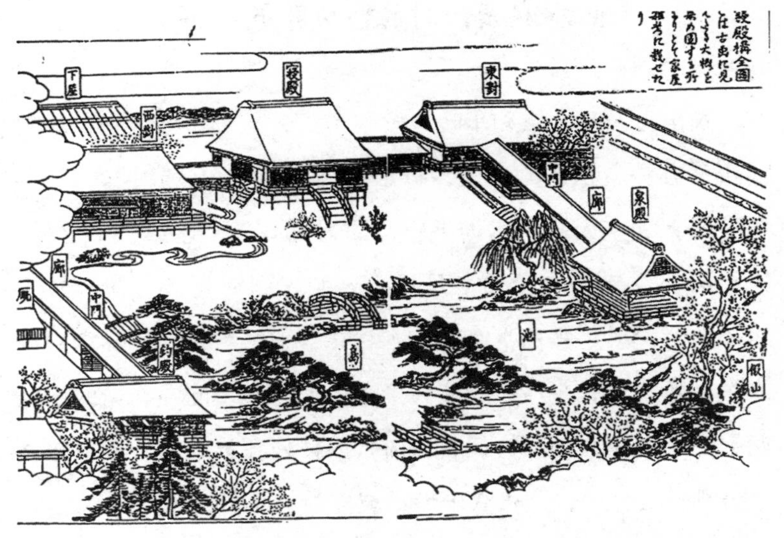

寝殿造建筑及池泉

们也要读书学习的，便在宅邸中增加了书斋，也就是书院。书院有个特点是正对着庭园，坐在书院内便可观览品味，它面对的可能是池泉、枯山水，也可能是露地。

数寄屋建筑出现在安土桃山时代，它是一种茶室建筑，它及它的庭园比武家的更简素，但往往小到几张榻榻米的茶室却还连接着个书院及其他建筑。建筑材料貌似普通民居所用，但选材却是最优质最高级的，对于技术的要求也很高，因而它的造价也很昂贵。作为庭园建筑，它主要出现在露地中，也出现在池泉和枯山水庭园中，出现在近代当代的料亭中，作为纯建筑，它还出现在富裕家庭中。

曲水庭园：对魏晋风雅的再现

农历三月三，风和水暖，莺飞草长，人们怀春踏青，来到河边举办消灾祛病的仪式，祈求吉祥，那是春秋时期的节日。至汉代，那一天被确定为上巳，因为三月三多逢第一个巳日。未尽时将它定为上巳节。是日，人们来到河川旁，在春风春水中洗濯除垢，涤荡身心，临水宴饮，叙情欢乐。那临水宴饮有种别致的形式——修禊仪式毕，人们分坐于曲曲弯弯的水渠两旁，从上流放下酒杯任其漂流，酒杯停在谁面前，即取之饮之，酒杯古称觞，此种欢乐形式被称为“曲水流觞”。

文人雅士集会活动是魏晋文化的一道亮丽色彩，魏有曹丕等“建安七子”为首的邺城西园集会，西晋有包括“二十四友”在内三十人在石崇别庐金谷园的“金谷之会”。东晋永和九年（公元 353 年）三月三，大书法家王羲之与亲朋谢安、孙绰等四十二人，在会稽（绍兴）兰亭修禊之后，于亭旁清溪行“曲水流觞”，规定觞在谁面前停下或打转，谁当即兴赋诗饮酒。那次聚会中，有十一人成诗两篇，十五人成诗一篇，十六人交了白卷，被罚酒三杯。王羲之酒中挥毫为汇总一起的诗作序，即为流芳千古的《兰亭集序》。这次的“曲水流觞”，也被后世称为“曲水之宴”。

中国的曲水之宴活动沿袭至今，绍兴兰亭也去过，惜我无缘目睹那种文学之宴。倒是来日本后，尤其移居九州后，多次观看到日本人举办的曲水之宴，地点是福冈县太宰府天满宫。

杨斋延《佳人游园观月图》中的庭园

太宰府是福冈县一个市的名称，那里曾有一座大宰府。大宰府是从7世纪中期开始，存在了五百余年的统辖日本九州地区的官府，它的最高长官叫作权帅，是由朝廷任命的贵族出身之人。公元729年，贵族、诗人、歌人大伴旅人赴任大宰权帅时，以他和曾任遣唐使的筑前守山上忆良为中心，形成了一个官僚文人的“筑紫歌坛”。730年正月十三日，在大伴旅人家的庭院里，举行了一场酒宴，名为“梅花之宴”，来客计大宰府官员、筑前筑后地方官员和寺院高僧31人，每人咏颂一首梅花赞歌，仿王羲之《兰亭集序》作序结集，是为流芳后世的“梅花之歌”，收集在日本文学瑰宝和歌集《万叶集》中。

公元901年，朝廷的右大臣菅原道真因左大臣藤原时平的谗言所害，左迁九州任大宰府的权帅。菅原道真是日本平安时代的一位伟大的学者、诗人、政治家，其汉诗尤佳，公元890年，他曾参加宫中的曲水之宴，作下“近临桂殿廻流水，遥想兰亭晚景春”的汉诗。菅原道真任职权帅第三年，于樱花盛开之时，病死于大宰府官舍南馆，拉灵车的牛走到一个叫四堂的地方说什么也不肯走了，他就被埋葬在那里。坟墓之上先有了安乐寺后有了天满宫，菅原道真成了天满天神，那牛成了神牛。天满天神是学问之神，是书道之神，是消除厄运之神，是梅花之神。有时，上任的大宰府权帅不一定亲自从京都赶来赴任，那时权力则会交给二把手“大弍”。公元958年，担任大宰大式的小野好古，为纪念菅原道真逝世五十五周年，在太宰府天满宫东神苑举行了曲水之宴，始开先河。公元1102年三月三，大宰权帅大江匡房在天满宫主持了曲水宴，结歌集作序中讲到曲水之宴的来由及意义。

1963年，太宰府天满宫恢复了千年前发祥于此的曲水之宴活动，每年三月三举行，为便于游人观看又改在三月的第一个星期天。家住福冈市的我距太宰府市仅三十里，便有常去之便，更有专去天满宫东神苑观看曲水之宴的机会。

参加曲水之宴的是十位衣冠束带的"殿上人"、三位穿"十二单"（日本皇族女性的正式礼服）的"姬"、三位穿"小圭"的女官，还有两位挎刀执弓背箭的武官卫士、乌帽白袍的巫女、年轻的宫女和执行仪礼的男女官员。那些参宴者多是福冈县出身的文士才女。有一年我看到的一位"殿上人"是电影演员武田铁矢，他常在电影、电视剧中扮演热忱于教育的老师，可称文士。有一年看到的"殿上人"是外县的官厅官员，福冈县女性副知事担任了女官，而一位身着"十二单"的"姬"则是中国女留学生。

正午十二时，曲水之宴的参宴者从天满宫神社社务所走出，到正殿作"奉献之仪"，然后沿着参拜道走往东神苑的文书馆，文书馆前是一片梅林，梅林中曲曲弯弯开出一条半米宽的小渠，就是"曲水"了。一般游客不可进那片梅林，但可在林旁搭设的观礼台上观览曲水之宴的全过程：下午一时，

“修祓之仪”在筝曲声中开始，巫女自文书馆内走到苑内设置的祭坛上行“白拍子舞”，再由四位着粉袍紫裙、手持梅枝的宫女行“飞梅之舞”，舞之动作本是在“修禊”“修祓”。筝、笛声又起，是为“盃之仪”。曲水两旁早就铺就一块块红毛毡，参宴的“殿上人”“姬”和女官们在司仪介绍中就座。朱红色的酒盃杯自曲水上流漂下，酒盃到参宴者座位之前，他或她很从容地执笔在一枚叫作“短册”的纸笺上写出一首和歌，然后捧起酒盃将酒一饮而尽，再把“短册”置于酒盃上放入曲水中任其漂走。在此过程中，两位威风凛凛的武官，始终在参宴者身边踱来踱去，像保护官也像监考官。参宴者们写下的和歌，会由专业歌人朗诵吟唱。最后，参宴者们走回神社社务所，举行“终纳之仪”，结束曲水之宴，前后历时三小时。太宰府天满宫那儿曲曲弯弯小渠边的梅林中，立有木碑，上书“曲水の庭”（曲水之庭），日本人将其归纳成日本庭园中的“曲水庭园”。

京都城南宫的神苑叫“乐水园”，它因种植着《源氏物语》里描述的八十种花草，而有“源氏物语花之庭”的美称。“乐水园”内又以日本时代名分出了“平安之庭”“室町之庭”“桃山之庭”等庭园，在那“平安之庭”中，有座天满宫，还有一处“曲水之庭”，每年在那里举办曲水之宴。

京都北区有座名列世界文化遗产的神社上贺茂神社，院内庭园叫涉溪园。园内有条引明神川水流成的小溪，它便成

京都上贺茂神社庭园曲水宴

了曲水。1182 年，神社的神主重保在那曲水旁举办了曲水之宴，开了该神社曲水之宴的先河。今日，每年 4 月第二个星期日都会举办。是日，由当代六名一流歌人身着朝服参宴，饮酒作咏梅歌，表现平安时代晚期王朝贵族的风雅。上贺茂神社的曲水之宴仪式过程，与其他地方的有大同也有大异。大异之一是它由一位称作“斋王代”的女性咏颂的和歌，作为曲水之宴开始，颇似现代女主持人；大异之二是歌人作的歌，是由神职人员交给“冷泉家时雨文库”派来的人，由文库的人吟诵发表。

这两大异，得从历史文化上说说：6 世纪后半叶，日本多风灾水害，五谷歉收，饥馑、疫病流行，被认为苍天之神发怒，天皇为请神息怒，让皇女头插葵（锦葵）叶、担任巫女，举办了盛大祭礼，后灾害退、五谷丰，由此延续出至今尚存的京都三大祭之一的“葵祭”。象征皇室朝廷的伊势神宫和这京都的上贺茂神社的巫女，旧时均由天皇的未婚皇女或姐妹（即内亲王）亲任，这种至高无上的巫女又被称作“斋王”（后作“斋王”）。斋王会主持“葵祭”和曲水之宴及许多修禊仪式。皇家女担任“斋王”的制度早已废除，1956年起，京都人便从民间女子选出代理人担任“斋王代”，来主持“葵祭”，也来主持上贺茂神社的曲水之宴。“斋王代”每年选一位，并非公选，也无标准，但据历代“斋王代”履历能推测出其当选条件很严：20岁以下、未婚、京都出身、精通京都地理历史、懂茶道华道（花道），最后是父母非文人即实业家。为何？自订一套“十二单”500万日元，出席各种祭礼要自掏腰包，一年下来啃老2 000万。

“冷泉家时雨文库”中的“冷泉家”是贵族世家，其始祖冷泉为相，是镰仓时代初期的贵族、歌人藤原定家之孙，其家也称“和歌之家”，一直是受天皇敕命的和歌集编撰者。“冷泉家”保存了许多手抄本古文书，保存了建筑学问、宫中仪式、民间活动的记录，经“冷泉家”历代人的努力，终创出了一套对和歌创作、研究、论述的“冷泉流歌道”。这些东西被保存起来并随时代变化，形成了“冷泉家时雨文库”。“冷泉家”今尚在，曲水之宴上作出的和歌，由“冷泉家时雨文库”的人吟诵发表，顺理成章。

鹿儿岛县鹿儿岛市有处庭园叫作仙岩园，它是昔日岛津藩主岛津氏的别邸。1658 年，第 19 代藩主岛津光久将它改造成了庭园。之后，又经多代藩主改建，成了仙岩园。1958 年，它被指定为国家名胜，次年在整理挖掘中，发现了一条被埋藏了多年又保存完整的“曲水”，证明了作庭之初，属于武家的岛津家常在那里举办曲水之宴。此后，它被引进流水重整周围环境，营建成曲水之庭。与太宰府天满宫曲水之宴定于三月的第一个星期天不同，仙岩园的曲水之宴，定在四月最初的星期日，大约符合阴历三月三的上巳节，如今已经举办到第 22 届了。太宰府天满宫有着梅花形的“神纹”，那里曲水之宴的参宴者的着装是平安时代进宫朝礼穿的官服和皇族女性的正式礼服；仙岩园属于武家庭园，在那里曲水之宴的参宴者着装则为武家礼装。

岩手县境内有座 850 年始建的毛越寺，它的庭园是典型的“净土式庭园”（出自佛教净土思想），庭园内有条弯曲的长达 80 米的“遣水”（从外部引进庭园的水渠），今日，遣水旁，便是曲水之宴举行之处。毛越寺不简单，它以建筑、庭园的考古价值列入了世界文化遗产。

通过追溯多处曲水之宴初始年代、比对分析参加者的服装、研究他们所作和歌的主题（是樱或为梅），研究家将曲水之宴的传来和曲水庭园的诞生，归为平安时代（794年—1185年），这应该是正确的。但是，1975年在奈良的一次发掘调查，极可能将这一定位再向前推进数十年，也即奈良时代（710年—794年）。

奈良是京都之前的日本国都，地上有无数名胜古迹，地下也有埋没千余年的历史遗迹。1957年，奈良邮局迁移，考古学家在其原址进行了发掘调查，发掘出一片与奈良时代庭园极其相似的庭园遗迹。它有12栋建筑遗址、7条墙址、2个水井，而贯穿庭园中心部的是一条全长55米、宽处10多米窄处数米、呈S形的水渠。这片遗址被推断为皇宫平城宫的离宫或皇族的宅邸，根据街道名称，它被命名为“平城京左京三条二坊宫迹”，加上被发掘出来的庭园，统称“平城京左京三条二坊宫迹庭园”。再看那S形的水渠：渠底铺着以黏土固定的圆石、堆成岸壁的石组、岸上砌着的砾石。水渠之中有两个“升”形花盆，从盆中探测出了花粉。水渠的一端有用木桶组成的引水暗渠，另一端则有用木桶组成的排水暗渠。所有这些，都证明那S形的水渠是条人工营造的曲水，证明奈良时代就有了皇族的曲水之宴，证明那时便有了曲水庭园的营造。1978年，“平城京左京三条二坊宫迹庭园”被指定为国家“特别史迹”，1992年又被指定为国家“特别名胜”，它那12栋建筑遗址被复原了一处，曲水中流淌着清水，岸旁青草茵茵。因考据和保养还在进行，人们只可在定期的开放

奈良市平城京左京三条二坊宫迹庭园发掘出来的古代曲水庭园遗迹

日去欣赏千余年前的曲水庭园。它和上述毛越寺庭园一样，成了珍贵的可供考古的庭园。

距今不远的20世纪90年代，于静冈县滨松市滨北区的农村地带，出现了最新建成的一处曲水庭园。它在万叶之森公园中，公园是滨松市市营“万叶植物园”。《万叶集》是歌人大伴家持于奈良时代编著的日本第一部和歌集，收录了4 516首和歌。而其中有三分之一的和歌中咏颂了花草树木。那和歌集有4首表现的是滨北的风貌，现代滨松人引以为豪，便修建了万叶公园，在里面种植了歌集中提到的300种花草，名“万叶四季花草园”，后来又种植了大批的桧树成为森林，改名“万叶之森公园”。《万叶集》收录的绝大多数和歌是飞鸟时代和奈良时代的作品，“平城京左京三条二坊宫迹庭园”证明奈良时代就有了曲水之宴，“万叶之森公园”便从它2.3公顷的园地中辟出三分之一，营建了曲水庭园。

这曲水庭园被林木围拢，内有一座“伎倍茶屋”（望亭）、一座万叶亭、一个万叶资料馆。万叶亭内展示着奈良时代庶民的饭食样本，也按样做成饭食以供游客体验，万叶资料馆中漫延着曲水，馆中则展示着万叶时代（奈良时代）文官女官们的朝服，以及鲜艳的做朝服所用的衣料。庭园的门和墙仿平城京样式而造，园内的曲水的弯曲状竟与“平城京左京三条二坊宫迹庭园”一模一样。有趣的是，那里的曲水之宴上咏的不仅是梅，而是万叶百花百草，举宴也不在春上而是在晚秋，既有身着“十二单”等文官女官朝服的人在举办曲水之宴，也举办现代音乐会……

净土庭园：构筑理想乡

佛教净土宗及净土思想，最早自中国隋唐时代传入日本，于平安时代的日本落地生根，并产生了日本净土宗，到了镰仓时代更是兴盛。净土，在汉传佛教中常指阿弥陀佛的西方净土，它是一片清净无垢的极乐世界，被日本平安时代的贵族们看成一片理想乡。寺院多园林，随着净土宗寺院的建立，出现了净土式庭园，它们通过池、泉、岛、桥、岸、滨等元素表现那极乐世界，学者们称其为净土庭园。

位于京都府宇治市的平等院，堪为净土庭园的代表。平等院自平安时代初期便是贵族别庄，于998年成了摄政藤原道长的别庄“宇治殿”，其子藤原赖通于1052年将“宇治殿”改筑成寺院，是为平等院。平等院的主殿阿弥陀堂是照净土宗寺院的特征所建，供佛是阿弥陀佛，其庭园依净土思想设计。平等院历史上属于净土宗和天台宗两系，今日并不属特定的宗系，但仍由与其为邻的净土宗寺院净土院和天台宗寺院最胜院共同管理。这说明净土式庭园并不仅存于净土宗寺院，它也存在于天台宗等寺院里。净土平等院的阿弥陀堂的中堂建筑犹如凤凰展翅，它的脊沿上也立着两尊金色铜制凤凰，到了江户时代，阿弥陀堂被称作了“平等院凤凰堂”，而近代将它的庭园称作平等院庭园。

凤凰堂坐落在一个叫“阿字池”的大水池里的中岛上，坐西朝东，那西正是西方净土。通过一座平桥和一座拱起的“反桥”走进凤凰堂，但见堂内安置着金箔覆盖的阿弥陀木雕像和驾在云间演奏乐器的52尊菩萨像，它是集建筑、绘画、工艺、雕刻为一堂的国宝。凤凰堂门外面对的阿字池里是一池碧水，池岸是由发掘出来的原石重新铺就的“洲浜”，即湖滨、河畔，也就是彼岸了。你还可以不经平桥、反桥走到“阿字池”的对岸，对岸理应叫此岸，即人间世界，你站在此岸观看凤凰堂和堂前的宽阔又呈曲线的“洲浜”，会惊叹彼岸的西方净土极乐世界的神圣美好。此阿字池中并无水生植物，按净土之理说那池应是荷花池，入夏至深秋，你可在此岸看到栽在花盆里的荷花。

日本东北地区的岩手县南部有地域名称叫平泉町，曾是平安时代奥州豪族藤原氏的发祥地，也曾创造出灿烂的佛教文化，是为平泉文化。2011 年，那里的中尊寺、毛越寺、观自在王院遗迹、无量光院遗迹、金鸡山等几处寺院名胜古迹，以“平泉——象征着佛教净土的庙宇、园林及考古遗址”之名，被列入世界文化遗产。其中的毛越寺庭园便是净土庭园。

毛越寺始建于 850 年，后遭火灾烧毁。后经藤原氏三代人历百年（1087 年—1189 年）重建，并营建了占地 145 公顷的庭园。寺是天台宗寺院，兴盛时曾有“堂塔四十，僧坊三百”。那些堂塔围绕着一个“大泉池”而建，形成了典型的净土式庭园。奥州藤原氏后来被平安时代末期的武将源赖朝所灭，毛越

京都府宇治市平等院净土式庭园

寺虽得其保护，但后遭火灾和战国时代的兵火，堂塔均毁，仅余基座、础石。后经明治、大正、昭和三代发掘、修复、重建，“大泉池”畔又有了本堂、开山堂、常行堂、宝物馆数处建筑物。本堂之内供奉着本尊药师如来，它的两侧是日光菩萨和月光菩萨。那本堂又于平成元年（1989 年）按照平安时代的样式再建。

在修复重建毛越寺的殿堂的过程中，庭园中已绿树成荫，芳草茵茵，它的南北长 90 米、东西宽 90 米的“大泉池”也被清理恢复出原来的面貌，池岸池中布置了筑山、洲浜、中岛、出岛石组和池中立石。其筑山是以大小不同的各种石块堆积出来高于池面 4 米的“山”，表现了深渊和断崖；其铺满了砂石、圆石的洲浜表现着河川入海口和海岸线的柔软的曲线之美；其中位于池的西南方的出岛石组和池中斜向的立石最惹人注目，它们构成了须弥山和围拢须弥山的“九山八海”。须弥山是古印度神话中传说的神山，是佛教传说中位于世界中心的山。池中立须弥山石组正是净土庭园的特别恩典，它不同于另一些池泉庭园池中表现道家思想的蓬莱山组石。“大泉池”的池水，通过人工开凿之渠引入，这种水渠在庭园学中称作“遣水”。如今，毛越寺发掘出的弯曲状的遣水长达 80 米，每年在那里举办曲水之宴。

奥州豪族藤原氏第二代藤原基衡之女德姬，嫁给了磐城（今福岛县沿海和宫城县一部分）国守岩城则道。岩城则道死去，德姬为他建了菩提寺愿成寺，在寺的一角建了阿弥陀堂，并营造了以池泉围拢其周的庭园。今按地名称白水阿弥陀堂庭园，位于福岛县磐城市白水町。

白水阿弥陀堂是座四方形的单层建筑，以柿木片苫顶，堂内中心供佛是阿弥陀如来，两侧是观世音菩萨和大势至菩萨，再两侧是持国天王和多闻天王。佛堂和佛像均是公元1160年建的原物，它们成了福岛县唯一被列入日本国宝的历史文物。一片从东、南、西围拢着佛堂的水面及陆地形成了白水阿弥陀堂庭园，佛殿坐落在从北方伸入池泉的出岛上。池泉东西宽160米，南北长120米，其池形状和周围布景，与德姬故乡的毛越寺庭园很相似。池泉正中有个很大的中岛，出岛岸边有一片以碎石和岩石铺成的洲浜，中岛和出岛洲浜间的水面中露出的岩岛为须弥山……经八九百年沧桑，此庭园已被历史淹没，经1962年发掘后恢复了它的原样；又于1976年根据发掘出的桥脚遗迹新建了架在中岛之上的两座桥，一座是从进南大门（只有石基的遗迹）后架往中岛的反桥，一座是从中岛架往出岛、也就是通往白水阿弥陀堂的平桥，它们都涂着朱漆，很是美观。这里产生个问题：阿弥陀堂方向应是西方净土世界，怎么这里的反桥、平桥乃至佛堂均是一路向北和坐北朝南呢？原因之一是德姬的老爸藤原基衡营建的毛越寺庭园就是这格局，原因之二是无论毛越寺庭园还是愿成寺的白水阿弥陀堂庭园，它们借景的都是北面的山。白水阿弥陀堂庭园池泉东岸水中长满古代莲和菖蒲，环池的回路旁种的全是枫树，再外是北面山上的青葱山林，它有“红叶净土”之称，一年四季风景宜人。

平安时代末期的武将兼政治家源赖朝于 1185 年在源平战役中取胜，消灭了贵族政治家平家，成立了武家政权——镰仓幕府。最后又在 1189 年的奥州战役中消灭了奥州藤原氏，算是平定了全国。源赖朝被平泉的寺院庭园之美所感动，回镰仓后便为祭祀两次战役牺牲的怨灵，模仿平泉庭园，建起了永福寺，把平安时代的庭园模式带进了镰仓时代。永福寺落成两百年后毁于火灾，但园中的大池至今历历在目。到了镰仓时代中期，一座传承平泉文化、模仿毛越寺的净土庭园——称名寺庭园出现了。

称名寺在横滨市金泽区金泽町的一处山坳中，伽蓝布置基本可算坐北朝南。镰仓时代中期有位有名的武将叫北条实时，又称金泽实时，他在宅邸内建了供奉阿弥陀佛的佛堂，这便是称名寺最早的所在。后他的孙子金泽贞显按照平泉毛越寺的模样，于 1319 年将原来的佛堂改建成了金堂，并造了称名寺及它的庭园。其时的称名寺，共有七座殿堂和一座三重塔，规模可观。惜十余年后，镰仓幕府灭亡，称名寺在战国时代中逐渐衰退、损坏。幸有建后不久绘制的“称名寺绘图”得以保存，从中能看出伽蓝配置使其在江户时代得以初步的复兴，并最终于 1987 年得以复原了净土式庭园原貌。

今日看到的称名寺主要建筑物和景观有赤门、仁王门、金堂、释迦堂、钟楼及阿字池。红色的表门叫赤门，仁王门内立4米高的金刚力士，亦即哼哈二将。金堂即本堂，内供本尊木造弥勒菩萨立像，已列为国宝。释迦堂供奉木造释迦如来立像。

所有这些，以阿字池为中心构成了称名寺庭园。阿字池中间有座中岛，从仁王门这边池岸架过去一座反桥，再从岛上往金堂那边架去一座平桥，将池水划为东西两半。阿字池比毛越寺的大泉池小得多，最为突出的庭园景致就在那两座朱红色的桥上了，特别是有曲线美的反桥。池水上架平桥和反桥，正是净土庭园的特色。中岛之上和沿池岸边，都铺着白砂石和作景用的青石，整片池水中只有西北角水际有块立石，突出水面不过半米多，却象征着须弥山。称名寺被连成马蹄状的金泽山、稻荷山、日向山环抱着，它的庭园景色不仅是阿字池，还借景幽幽山林。

京都府木津川市山中，有座平安时代末期建的净琉璃寺，它是真言律宗寺院，但从造园形式说，却又是净土式庭园。寺院中庭有一池碧水，名叫宝池，宝池中有个中岛，上建一小祠，内祭佛教守护神之一弁才天。池之东立有一座三重塔，塔身中置本尊药师如来，池之西有座本堂，内供一长台座上的九尊阿弥陀如来坐像。最早时，本堂是在东岸的，供着药师如来像，药师如来为众生解除烦恼，他住在东方净琉璃世界，所以寺名取作净琉璃寺。历史漫长，东岸的本堂经过两次解体移建，终于损坏，堂内供着的药师如来像，移入西岸新建的供有九尊阿弥陀如来坐像的本堂里保存去了。

好在东岸有建寺伊始便有的本尊为药师如来的三重塔，使得净琉璃寺庭园构成了宝池东岸是东方净琉璃世界、西岸是西方极乐净土世界的格局，这也是净土庭园的特征。净琉璃寺导览图更明确地将东岸注明为“此岸”，将西岸注明为“彼岸”。你站在此岸，往彼岸本堂开着的门中张望，会看到九尊阿弥陀如来像正中的那一尊，但因有上面门框遮掩，看不到阿弥陀如来的面孔。但当你将视线稍向下移，又会在彼岸前的池水中，得见他的尊容，看到极乐净土世界，这便是净土庭园的巧妙设计吧。

净土宗寺院的阿弥陀堂及其庭园池泉的格局并非千篇一律，比如平等院的东西格局便与毛越寺庭园的南北格局不同，而奈良的净土寺院圆成寺则在池泉格局上与其他净土庭园不同。圆成寺在奈良市东十公里外的忍辱山町，地处边远，深藏不露，却拥有许多国宝级的建筑物和佛像，其本尊是阿弥陀如来佛。圆成寺庭园被定位成净土式舟游式庭园，其与一般净土庭园的不同则在于后者池泉均在阿弥陀堂跟前，而圆成寺庭园的半圆形的池泉“苑池”却位于楼门（山门）之外，池中虽有中之岛和另一座筑山岛，但岛上并未架设从此岸到彼岸的平桥和反桥……

第四章

幕府时代的武家庭园

武家崛起：武家庭园的出现

日本历史上有“公家”和“武家”两词。公家，指侍奉于朝廷的贵族及上级官人，他们或是天皇的近侍，或担任国家最高层官员，均系三品官员以上的世袭家族。武家，是担当军事作战的官员，以武力奉侍天皇，他们也有家系世袭，大部分官系四品以下，均为武士出身，凭借世传武艺和征战成了军事贵族。日本平安时代中期武家势力抬头，末期更出现“军人干政”局面，直至出现了武家当政的幕府——镰仓幕府、室町幕府、江户幕府，延续近七百年历史。武家的头衔落谁家，每个时代各有不同，至江户幕府，武家中地位最高为征夷大将军，其下的大名①及高级武

① 大名，日本古时封建制度对领王的称呼。

士亦称武家，中级武士也可被列入武家之中。武家有钱有势，又有权建造宽绰的宅邸，那宅邸叫“武家屋敷”。

今日日本许多中小城市中，保存着武家屋敷，而且是成群成片的，它们有许多被列为“重点传统建造物保存地区”，例如北海道弘前市、兵库县筱山市、山口县荻市、鹿儿岛县南九州市等地就有武家屋敷建筑群，这样的建筑群全国多达数十处。为何成群成片？日本近代城市是由古时藩主城郭（居城）及城外街道发展而来的。城郭里住着藩主及保卫他的高等武士，城外近旁是武家屋敷和有多处寺庙的寺町，再外面才是工匠商人和一般百姓居住的城下町。就是说武家屋敷集中于距离藩主居城最近的地方，并且成群成片。藩主可称诸侯，它们的城郭或城外别邸非常豪华，拥有大规模的庭园，而武家屋敷也很宽绰，便在那里面营造了较小的庭园，后被称作武家庭园。

我从东京移居福冈后，到过九州不少中小城市，见识过不少武家庭园，例如平户市、久留米、柳川市、臼杵市、朝仓市的武家庭园。朝仓市的秋月町曾是福冈藩的支藩秋月藩，那里有藩主别邸庭园、多处商家别邸庭园，还有三处保存良好的武家庭园——久野邸武家屋敷庭园、田代邸武家屋敷庭园、户波邸武家屋敷庭园，它们都是秋月藩上级武士营造的庭园。久野邸庭园较大，庭中有流水，是座回游式庭园。田代邸庭园在一片屋敷遗迹之中，显得小巧玲珑。秋月街道正中有座“秋月乡土馆”，馆中存有许多珍贵文物，馆之两侧是藩校遗址和古学园，而它的后面则是户波家后人在建馆时捐赠的户波邸庭园，庭园中有小池塘。穿城而过的野鸟川，给这些庭园提供了水源，近在咫尺的古处山给它们做了借景，

柳川市原属柳河藩，是个由河道和水濠贯穿的水乡，七万多人口的城市里，有着二十多处庭园，除去有着不小的池泉庭园的三柱神社等三处寺院、神社庭园之外，其余均为武家庭园。其中最大的是柳河藩主立花家所建的松涛园，它是池泉回游式庭园，池中除去中岛，更有近百处石组构成的小岛，一池之中竟有上百岩岛，为日本池泉庭园罕见。其模仿了日本三景之一的宫城县“松岛”，那里的松岛湾中有大小260座岛屿。松岛的所有岛屿上都长满了古松，松涛园的岩岛和池水周围也长着400株古松，故名松涛园。另一保存完好的武家庭园是户岛邸庭园，它作为武家庭园的典型对外开放。园内二层的建筑物，是数寄屋风格的茶室，是栋茅葺（茅草顶房子），庭园一亩半大，分成内外两园，外园竹篱笆墙内种有花草，过一道木门是内园，是个池泉庭园，这样的布局又很像茶庭。茶室外有手水钵，面对的池泉中布有筑山、洲浜、石灯笼，池周是小小枫林、松林，池泉之水来自墙外的水濠，真是近水楼台先得月。

我曾从福冈驱车到鹿儿岛西南部的秋目浦，拜访鉴真和尚登陆日本之地，途经一个小城镇知览（今称南九州市）。知览有两处地方很知名，一处是知览特攻和平会馆（附近有二战时自杀

式特攻飞机基地），另一处便是列为“重点传统建造物保存地区”的知览武家屋敷庭园了。我选了后者去观览。鹿儿岛县过去属萨摩藩，萨摩藩将领地分为113个乡，其中有几个乡是直属领地，藩主将他的武士团驻扎在那些乡，知览便是其一。一条麓川穿知览城而过，母岳、中岳两座青山立在城东，小城宁静而古朴，有“萨摩小京都”美称。城中的七处武家庭园构成了知览武家屋敷庭园群，它们是西乡惠一郎邸庭园、佐多美舟邸庭园、佐多民子邸庭园、佐多直忠邸庭园、平山克己邸庭园、平山亮一邸庭园、森重坚邸庭园。购买一张门票，可全览七庭园。

知览武家庭园导游图

森重坚邸庭园是唯一一处池泉庭园，池细长，池底涂漆，岸呈曲线，池可一目了然，谈不上回游或舟游，但论人工雕凿的石塔、石灯笼和由奇岩怪石做成的筑山、出岛、洞窟一应俱全，它的筑山是蓬莱石组，那洞窟以数块“穴石”组成，表现了入池泉水的流动。其余六庭园均为枯山水庭园，但它们各有特色。西乡惠一郎邸庭园，内有组石形成的蓬莱山、组石形成的枯泷。泷，即瀑布及急流水也，枯泷是以堆石表现的，无流水却似急流水。那枯泷上立有三层石塔，高石组成鹤、低石组成龟，所以它又称鹤龟庭园。它以石垒墙、茶树修剪成的低墙、常绿针叶树修剪成的高墙形成三层墙，作了池泉的衬景，也作了院墙……平山克己邸庭园，也有组石形成的枯泷，但它铺着白砂石的枯水枯海上除了象征山的岩石更有覆盖着山的灌木，被修剪得跟大蘑菇似的，在它们背后，耸立着由树木修剪后形成的筑山风高墙，达四米高……平山亮一邸庭园的枯海平平坦坦，上面连一个石组一块石也没有，这样的枯山水庭园倒真少见。但它的边缘有一道平石砌成的横垣，垣后树木密植，经过修剪形成连绵不断的云彩……这些修剪过的单株或成排的灌木树木，即是“刈込”或“大刈込”。佐多美舟邸庭园最为豪华，以枯泷石组为中心，向四周铺展出许多石山、石组，与其他几处庭园相较，其立着的岩石更高更尖，卧着的岩石更奇更美，园中石塔石灯笼也更多……佐多民子邸庭园在石组上下了细功夫，枯泷石组中，由岩石组成的三层石塔和石组构成了深山幽谷，石船自石桥下钻过，仙人在山崖上招手……佐多直忠邸庭园呈长方形，细砂石卧着多块平石以为枯山，在它的一隈有堆石造的筑山以为蓬莱山，筑山中心的立石高3.5米，尖如峰，尖峰后，远处的母岳历历在目，似收进园中，风景美如画……

知览武家屋敷庭园除去多有“刈込”，还有几个共同之处：庭园均临街，无缓冲之地，便在进门处立了切平的巨石做石屏风；庭中岩石来自近处山中的凝灰岩，先以牛马拉下山再经麓川水运而来；都以母岳、中岳为借景；它们的园中主题是枯泷和蓬莱山；六处枯山水庭园叫莲菜石组枯山水或蓬莱石组枯山水。

大名庭园：藩主的接待会所

我曾住东京港区一个叫“芝”的地方，其时常带孩子去近处的旧芝离宫恩赐庭园玩。它在高楼大厦的谷间，4公顷的园地，一圈3公顷的土丘绿地围拢着一片1公顷大的池水。池中有几个土石筑起的岛，池东北有浮岛和一个更小的岛，池西南有个大岛，两座石桥连接着横贯岛上的游园路。池正中的岛叫中岛，又名蓬莱山。蓬莱山由一座长长的木桥和一条石垒的“西湖堤”连接两岸，是它们将池水分成了两片水面，池面上常见野鸭戏水。蓬莱山和西湖堤的取名，令我这国人产生亲近感。池东岸的“九尺台”上有“四阿”（望亭），坐在亭中可一览庭园景致，池西岸的布景最多：岩石堆砌的洲浜、砂石铺就的砂浜、大石筑起犹如瀑布的枯泷、石雕的雪见灯笼……池北岸有处练习拉弓射箭的弓道场，是过去武家练武之地。旧芝离宫恩赐庭园的土丘和小岛上植有青松，陆上植有樱树、牡丹、花菖蒲，搭着藤棚，铺着草坪。庭园不算很大，但因园内小路回旋，颇有曲径通幽之感。它是我到日本最早见识的庭园之一，当初并不懂日本庭园构筑和布局，也不知从何角度审视其美，仅是为带刚入小学的孩子去看野鸭、到入园口处新设的儿童公园玩耍。

旧芝离宫恩赐庭园之北，有个滨离宫恩赐庭园，总面积25公顷，三面环河一面临海，园内水域占三分之一，水域除去外护城河、内护城河，分成三个池。两个较小的池中有鸭场，是武家武士猎鸭习武之地，一个鸭场旁还有一马场的遗迹，是武士骑马射箭的练习场。最大的池叫潮入池，它是因海水涨潮汇成的池。池中有中岛和小字岛等三个小岛，这四个岛分别代表蓬莱、壶梁、方丈、瀛洲四仙山，它们之间有名为传桥的木桥相连接。

中岛之上有个很大的茶屋，叫作“中岛之御茶屋”，造型很美，在背后玻璃作壁的高楼大厦的陪衬下，犹如一块碧玉。它曾是过去将军和藩主们眺望园景和休憩之处，今日游客也可花上几百日元买上一套抹茶茶点，享受同样乐趣。小字岛对面岸上还有一座小小茶屋“松之御茶屋”，不营业只作景观。潮入池水面开阔，今有水上巴士航运其中。庭园的陆上林木茂盛，还有花草园、牡丹园、梅林，是个休闲的好地方。

旧芝离宫恩赐庭园，最早是在1678年德川幕府第四代将军德川家纲送给老中（将军直属的高级幕僚）大久保忠朝的土地上所建造的“乐寿园”。其于幕府末期成为纪州德川家的屋敷，后为有栖川宫家（皇族、亲王家）所有，最终以昭和天皇成婚纪念之名下赐给了东京都。因曾为老中和藩主所有，它被列入大名庭园。滨离宫恩赐庭园，亦是在第四代将军德川家纲送给其弟甲府藩主德川纲重的土地上所建造的别邸，几经修筑成了庭园，二战后应盟军总司令部要求下赐给了东京都。这两个恩赐庭园的池水均来自近旁东京湾涨潮之水（前者的池水今日换成了淡水），它们同属大名庭园。

何谓大名庭园？

江户时代（1603年—1867年）又称德川时代，是德川幕府统治时期。大名，是对藩主的一种称呼，是封建领主，是最上层的武家，相当于古代中国的诸侯，是拥有生产一万石粮以上的土地的大领主（或理解为拿幕府一万石米以上的俸禄）。战国时代后期的丰臣秀吉平定了各藩，基本完成了日本统一，战胜丰臣家的德川家康在江户（今东京）开启了德川幕府。德川幕府为了控制藩主，防止谋反、再生战乱，颁行了“参勤交代”制度，即让藩主们一年住江户城、一年住自己藩的领地，交替轮换。住自己领地时，正妻和嗣子需留居江户城。为此，幕府在江户城附近批给各藩主土地，供他们建造藩邸，是为江户藩邸，它也叫江户屋敷或武家屋敷。藩主们是有文武修养的，他们原本在各自的领地上建有庭园。在江户城，为了接待德川将军，为了和其他藩主交流应酬，各藩主又在自己的江户藩邸或别邸的基础上修筑了庭园，后来人将它们称作大名庭园。

简言之，大名庭园是大名（藩主）筑造的日本庭园，它们既有诸如学文馆、书院、茶庭、能舞台等学文修身之地，也有马场、弓道场、鸭猎场等习武之地。大名庭园在各类庭园中出现最晚，它们是集前代诸类庭园之大成，是以池和筑山为中心的池泉回游式庭园。大名庭园的筑山，有中国园林的“累土构石为山”之味，其“泉池回游”有“一步一景、移步换景”的苏州园林之趣，其池泉湖堤上的石桥多取杭州西湖之景，所有这些都会令共拥东方园林的中国人亲近感十足。

明治维新实施了各种改革，其中一项是收回各藩的江户藩邸作为官厅及军事设施使用，大名庭园也随之被征收，加上后来的关东大地震和二战的美军空袭，东京曾有的六百余处大名庭园，除去上述两处恩赐庭园，仅剩保存于其他设施中的十几处庭园，而单独保存完整的有栖川宫纪念公园、小石川后乐园、六义园、新宿御苑等数处。幸运的是，在那些藩主的原来领地上的庭园大多比较完整地保存至今。

小石川后乐园，是水户藩德川家初代藩主在别邸上修筑的，经其子——第二代藩主德川光国改修而成，是个池泉舟游回游式庭园。找它很容易，就在有名的东京棒球场旁边。庭园面积7公顷，古河道“神田上水”的流水汇成了它的三个池：大泉池、长80米的细长条状的大堰川、圆圆的内庭池。水进大泉池前落下一道瀑布白丝泷，大泉池和大堰川之间有像双胞胎样的两座堆土筑山，大泉池的一角又伸展出一个小小的水池莲池，里面种满了荷花，园内还种有花菖蒲，有松，有樱，有一片梅林……

我曾二游小石川后乐园，首次是沿回路走马观花，留下以上印象，二次则稍仔细观察品味，总结出它的几个营造、构成、景物建筑名称方面的特点，是为石、模拟、中国元素。

水户藩初代藩主德川赖房和营造小石川后乐园的作庭师德大寺左兵卫，都是爱石家，他们为造园寻找了大量的珍奇的岩石，甚至幕府将军德川家光也帮忙从远离江户城的伊豆半岛运来了巨石。今日游园，在其池中、岛上、陆上，随处可见那些鬼斧神工造成的天然石布景。大泉池中有三岛：蓬莱山、蓬莱山前的德大寺石、池西南的竹生岛。那德大寺石虽称岛，不过是在几块石头上立着块宽2米、高4米的厚石板，没有人工雕磨的痕迹，却平平光光，这样大的天然石板很难寻觅，它被作庭师冠以自己的名字，显见对其的珍爱。大泉池岸上有相距不远的两块石头，名阳石、阴石，当然是取决于它们的天然形状。大堰川的岸上，有三块排列而立的扁平石板，从它们身上能看出天然的断层和皱裂，名屏风岩，看去确如屏风。白丝瀑布，上下都铺着石块，瀑布被两旁石柱夹持，大有龙门之势。横架大堰川的通天桥涂着朱漆，岸壁和桥下河道铺满巨石，有如千山万壑……

大泉池模拟了日本第一大湖琵琶湖的景致，池边有棵名“一つ松”的松树，它表现的是有名的琵琶湖“唐崎松”，该地以一株独立的“一つ松”而闻名。池中的竹生岛说是组群岛，其实就是七八块露出水面的石头，其中一块极似琵琶湖北部的竹生岛。去过京都的人应该知道著名风景区岚山，流经那里的河流叫桂川，桂川上面架着渡月桥，桥下流水潺潺，水中多有岩石和石滩，而此处下流曾叫大堰川，小石川后乐园的细长水池大堰川，正是它的写照。

最终完成小石川后乐园营建的德川光国，请了流亡的明末大儒朱舜水到江户弘扬儒学，在小石川后乐园的营造中也听取了朱舜水的意见。首先，庭园的名字中的“后乐”，取自孟子语“贤者而后乐此”，又有范仲淹《岳阳楼记》的“先天下之忧而忧，后天下之乐而乐”之典故。那是朱舜水建议的。大堰川北端有座神社建筑样式的得仁堂，它的起名源自中国成语“求仁得仁”，《论语 · 述而》中有“求仁得仁，又何怨”句，是孔子对子贡问起伯夷、叔齐被饿死之事的回答，喻理想得以实现。德川光国是位大儒学家，年轻时，从《史记 · 伯夷列传》中读到过他们的故事，便将那座建筑物取名“得仁堂”，里面安置的正是伯夷和叔齐的木像。前述双胞胎样的两座堆土筑山，被矮小的倭竹覆盖，名为小庐山，形似庐山，是江户时代初期朱子学派儒学者林罗山为它起的名。圆月桥是架在“神田上水”上的石拱桥，造型优美，它的桥拱和水中倒影合成了一个圆圆的月，出于朱舜水的设计，由名匠驹桥嘉兵卫所架设。大堰川中的西湖堤则是仿杭州西湖长堤铺设的。像圆月桥、西湖堤以及类似的景物名称，后来在许多庭园的营造中被引用。另外，小石川后乐园有间茅葺屋值得一提，是标准的江户时代的酒屋，被建成庭园的酒邸，名“八九屋”。此“八九”说的是饮酒以午间饮八分醉、晚间饮九分醉为妙。

六义园在东京文京区，是大名柳泽吉保于1695年，在自己的屋敷内，历经七年岁月营造而成的回游式筑山泉水庭园。柳泽吉保既是画家更是有名的和歌诗人，汉代《毛诗序》有“故诗有六义焉：一曰风，二曰赋、三曰比、四曰兴、五曰雅、六曰颂”句，日本和歌的“六体”正是受了其中的“风、赋、比、兴、雅、颂”的影响，而六义园的取名也出于此。园中既有日本《万叶集》和《古今和歌集》中咏颂的和歌浦海岸（在今和歌山县）景色，也有中国故事传说中的景观。

六义园所处之地本是平坦的原野，是挖土掘坑引水，造成了水池、堆筑了山，表现着山峦溪谷和海岸风光。它的水池名大泉水或御泉水，池中最大的岛叫中之岛，岛上有土堆石垒的妹山和背山，合起来叫妹背山，那正是和歌山县的和歌浦海岸名胜妹背山的缩小版。妹背山上的石组均有名字，玉笹（日造汉字，一种竹）石、鹡鸰石、浮宝石……居中心的玉笹石，阳刚挺立，是阳石，它下面一块凹形石是阴石，它们构成了一组阴阳石。池中还有以数块岩石堆成的拱状洞窟，叫岩岛，又名蓬莱岛。池南岸的“出汐凑[①]”，表现的是水自山谷出，河川入大海的河口意境，岸呈曲线，岸坡也呈曲线，都很优美。“出汐凑”左侧的“玉藻矶”则是一列布在水中的岩石，表现的是荒矶——岩岸。

六义园中景物均有名称，宿月湾、纪之川、渡月桥、仙禽桥、白鸥桥、卧龙石、词花石、问事松、布引松、裾野梅……总计八十八处，且均出自古和歌，看来若是懂些汉诗、和歌，更能从深处体会六义园的意境。

园中有泷见茶屋、吹上茶屋、杜鹃花茶屋、宜春亭茶屋、心泉亭茶屋等多处茶屋。泷见茶屋下有砌石而成的“枕流洞”，它上面盖有枕头状的大石，有泉水自洞流出，再被几块石头组成的“分水石”分出三道落水流进池中。说到那个枕流洞：中国《晋书》中的《孙楚传》记录了孙楚将向往“枕石漱流”的生活误说成“漱石枕流”的故事，此后历代都有“漱石枕流”用在文章诗歌中，清人张潮的《坚瓠余集》序中更有“漱石枕流，放浪形骸”之句，它是一种隐居生活方式和境界，也是造六义园的大名柳泽吉保的晚年生活写照。六义园被青松、红枫、红梅围拢，随处可见杜鹃花，一株巨大的垂枝樱每年春上引来赏花客无数……六义园隐于市中，和风华风兼具，幽静典雅。

---

① 凑，同“湊”，指河流入海口或港口陆地部分。

东京六义园石灯笼（吴鹏摄影）

福岛县若松市的御药园，是一处池泉舟游式、回游式庭园。若松市原本是安土桃山时代大名芦名氏的领地，御药园是最早的领主芦名盛久的别庄。进入江户时代，若松地区成为会津藩，会津藩松平家第一代藩主保科正之将芦名盛久的别庄修复成庭园，其第二代藩主正容生来病弱，他为了为自己、也为领内民众医治疾病，自1670年起便在园内种植了朝鲜人参和其他药草，庭园因此得名药草园。1697年，第三代藩主为奖励民间种植朝鲜人参，使其成为会津藩的特产，便请名作庭师将药草园修成了池泉舟游回游式庭园，是为如今的御药园。从最初的别庄起，御药园有着五六百年历史，园中古树森森，有树龄500年的柊树、青檀、冷杉，又有树龄450年的金松，由此可证它是日本最早的大名庭园。

御药园内有小池“鹤清水”和大池“心字池”。鹤清水及其上方的“朝日神社”构成了一个神话故事，也道明了御药园的来历：昔日，有朝日老人见到群鹤降落此地，赶去一看，发现一股清泉，便告劝病弱农夫喜助饮其水，喜助饮水而病除，便称此泉为鹤清水，建神社以谢朝日老人。心字池中心的筑山名龟岛，围石作岸，岛上建有茶亭“乐寿亭”，它们表现着长生不老的神仙居住在蓬莱山的境界。池有两处入水口，那里布有岩石块，水入而撞击其上，形成瀑布和急流，它们被称作男泷和女泷。今日御药园中的药草园，占据全园1.7公顷面积的四分之一，植有药草、药树400种，成为药草标本园。园中主要建筑物是茅葺屋根（茅草葺顶）的御茶屋御殿，坐在其中可一览全园景致及借景而来的背炙山山景。

熊本县熊本市有处水前寺成趣园，是经熊本藩细川家几代藩主营造而成的大名庭园。初代藩主细川忠利，于1636年在一片水面前建了水前寺，同时建了数寄屋风的别邸，是为御茶屋。他死后，水前寺迁址它处。1670年起，其孙细川纲利请茶人指导，以御茶屋和池水为基础，营造成了广达7.3公顷的池泉回游式庭园，将御茶屋更名为醉月亭，以陶渊明《归去来兮辞》句“园日涉以成趣”定名为成趣园。现在看到的成趣园，是第六代

熊本市水前寺成趣园（中为缩景的富士山）

藩主细川重贤改造而成的，他保留了醉月亭，撤除其他建筑物，开辟了马场，今日每年春秋两次，那马场上都会举办“流镝马”神事活动。届时，身着铠甲的武士跑马射箭，好不热闹。

成趣园的两大景观是筑山和池。

筑山在陆上，由一组“筑山连山”和一座单独的筑山组成，筑山连山连绵起伏，单独的筑山高 20 米，是座缩小版的富士山，名也叫富士山，是成趣园的象征，它们构成东海道（京都以东至东京圈太平洋沿岸地区）胜景的缩景。这些筑山很是特别，没用石垒、全以土堆，山上山下种着矮草，修剪成坪，春夏草青青，秋冬草金黄，使得筑山没有棱角只有曲线之美，妙不可言。我曾与同游朋友戏语：那组连山犹如一排馒头，独立的筑山像个窝头，美得我想吃进肚中。成趣园也因这种特殊的筑山闻名日本全国。

成趣园的池，东西宽 50 米，南北长 200 米，面积 10 000 平方米。它的形状像日本最大的湖泊琵琶湖，因此而称“琵琶湖”。湖中有三座筑山岛和一些堆石，岛与岸间、岛与岛间以跳跃般置放的石块形连接，它们叫作“泽渡”或“泽飞石”。琵琶湖的水源并非来自河川、“遣水”或飞瀑，而是数十里外的阿苏山下伏流河流到此地冒出的“涌水”，它和许多池泉庭园不同，水自池底出，是名副其实的池泉。也因此琵琶湖池底无淤泥只有细沙，池水中放养着大群的锦鲤，游得悠哉游哉。

成趣园内的主要建筑物有出水神社、能乐殿、古今传授之间。出水神社是明治时代熊本藩旧臣为祭祀熊本藩历代藩主而建的神社，很显庄重。能乐殿每年夏祭时上演能乐（日本独有的戴面具的古典歌舞剧）的一种“薪能”，有时会上演狂言（不带面具的能），还会有其他古典舞蹈演出。古今传授之间则因其悠远的历史渊源值得一看。它是座茅葺建筑，来自京都。历史上，熊本藩初代藩主的爷爷，曾在京都御所的书院兼茶室的“御学问所”中给彼时尚年少的后阳成天皇的弟弟、桂宫家智仁亲王当过老师，传授过《古今和歌集》的奥义。后来“御学问所”迁至今京都府长冈京市，称作“开田御茶室”。两百年后，明治维新，宫家领地收为公有，桂宫家便将领地上的“开田御茶室”下赐给了熊本藩，熊本藩经数年的拆卸、搬运，重新组装成了古今传授之间。明治时代西南战争的战火烧毁三百年历史的醉月亭，古今传授之间就坐落在它的原址上。水前寺成趣园不仅浓缩了日本自然风光，也向人们讲述着历史沧桑之变。

城中庭园：堡垒里的花园

史载倭国和百济的联军曾与大唐和新罗的联军交战，战争以公元 663 年 8 月的“白村江之战”决出胜负：大唐水军七千人、战船一百七十艘，大破倭国水军一万余人、战船一千余艘。此后日本转攻为守，在本土修筑了水城和山城，它们是依水或依山而筑的迷你土长城和石垒长城。此后一两个世纪里，在日本东北部和西南部出现了许多城栅，它们或为木板围拢的行政机构，或为木栅栏围拢的瞭望台，是为防范东北方、北方的虾夷（今东北及北海道）和南方的隼人而建。进入幕府时代，掌握国家实权的征夷大将军，和掌握地方权力的大名、藩主及大小领主们，共同修筑了城郭形式的城，以显示身份地位、保护权力不被侵犯。此时的城，从山城发展出位于平原丘陵上的平山城、在平原上拔地而起的平城、依川临海的水城。到战国时代，各藩相侵兼并，城郭从防范外敌变成了内战的堡垒。大藩主原本就在城中建有居住、办公两用的“御殿”，战乱起后，原本住在城旁别馆中的小城主也干脆住进了城中。城的外围掘了护城河，内围筑了高大的石墙，然后才是城，大城

京都元离宫二条城二之丸御殿（书院造建筑）内的客间及障壁画

的石墙转着圈地往高处筑，分出几层大院落，日本叫“丸”，最下层称“三之丸”，中层称“二之丸”，最上层称“本丸”，本丸中又建高高的城楼，称之为“天守”。

“三之丸”中住有高级武士及他们率领的精锐部队，“二之丸”中建有藩主的御殿、书院、大客间、茶室等，“二之丸”面积宽阔，还建有庭园，称二之丸庭园。下面简介几处城郭中的庭园。

名古屋城二之丸庭园：

名古屋城原是战国时代三雄之一织田信长的居城（他生于此城中），后经德川家康重建，成了他第九子德川义植（尾张藩藩主）的居城，此城因大天守上的一对鱼身虎头的饰品而闻名。1945年，美军的空袭烧毁了它的大部分建筑，战后除去三之丸外又都重修起来。名古屋城中曾有多处庭园，三之丸内曾有枯泷，但因三之丸仅余遗址，因而早已荒废。二之丸有南庭北庭两处庭园，南庭较小，留有枯泷石组，而我们常说的二之丸庭园指的是北庭，正式名称"二之丸东庭园"，它有以大型青石垒筑的洞窟石组、泷石石组，另有两帘瀑布、水池（已干枯）、龟岛鹤岛、石桥。其中一架石桥是块长条天然石，架在一帘瀑布之上，称作"玉涧流"桥，它的形状和设置位置都模仿了天台山"石梁飞瀑"的石桥。日人因从南宋水墨画大家玉涧的画中看到了"石梁飞瀑"的石桥，便将那种架空于飞瀑之上的桥称作玉涧流桥。但"二之丸东庭园"这帘瀑布不是真的水，而是"水落石"，池也是小圆石铺成的枯池，不见一滴水，它是个枯山水回游式庭园。

京都二条城二之丸庭园：

别称德川幕府的江户幕府设在江户（今东京），京都二条城是德川家康去京都时的住宿之地。城中曾有五层高的天守，后被烧毁，但本丸内留下一处明治时代营建的庭园，是片草坪，本丸之北有处清流园，建于昭和时代，西半部是池泉回游式山水园，东半部是铺着草坪的西洋风庭园。二之丸内的庭园才是江户时代初期营建的池泉回游式庭园，庭园全面积4 455平方米、池泉1 584平方米，在城郭庭园中算规模很大的了。庭园陆地上卧着岩石，池岸由许多石组保护着，西北角的泷石组落下两段瀑布。一架石桥连接着池中央的中岛，其名蓬莱山，从中岛往北经一架石桥可达一个石组，那是龟岛。中岛南方水中还有一石组，那是鹤岛……此庭可从八个方向观看，因采取诸葛亮八阵图之名，为此有别称“八阵之庭”。

和歌山城二之丸庭园和红叶溪庭园：

和歌山县和歌山市的和歌山城，与其他城比较在格局上有所不同，它的本丸之下有二之丸、西之丸、南之丸、砂之丸，只稍有高低之别，但没有再形成三之丸。南之丸有小水池但未成园，砂之丸仅铺着砂石，称作庭园的是“二之丸庭园”和西之丸中的“红叶溪庭园”，有时会将这两个庭园合称为西之丸庭园。二之丸庭园宽阔而平坦，树木围拢着大草地，草地中立着、卧着上百块岩石，岩石虽然巨大，但置于宽阔的草地里，显不出是山是岛了。而最有名气的是从二之丸庭园西端走下台阶即可见到的红叶溪庭园。护城河的水拐进西之丸，流水先经一组泷石落下成为瀑布，再从一座木质廊桥——“御桥廊下”下面流入谷底，汇成水池，构成8 000余平方米的红叶溪池泉回游式庭园。进园先见一座一半架于水上的亭子，是个钓殿，名“鸢鱼阁”，殿名取自《诗经》之句“鸢飞戾天，鱼跃于渊”。是的，“鸢鱼阁”下面是渊，水中立石无数，其中一块两头翘起的长石名“御舟石”……此庭被枫树围拢，深秋季节里枫叶染红了全园，故称红叶溪庭园，园中还有松下幸之助于1973年寄赠的数寄屋式茶室“红松庵”，在那里品抹茶、吃茶点、赏红叶、观溪谷，是最大的乐趣。你若初秋或春夏来这里也不会后悔，枫叶绿时自有绿时美，其时溪谷中透出一片清凉……

松山城二之丸庭园：

四国岛上爱媛县松山市的松山城，是伊予松山藩初代藩主加藤嘉明修筑的，它的天守是日本完全保存下来的十二座之一，天守和本丸筑于132米高的胜山山顶，下面依次是二之丸、三之丸。面积1.6公顷的二之丸史迹庭园即在这里，二之丸的外御殿和内御殿已不复存在：外御殿修整成了“柑橘花草园”，其旁发掘出一口砌石大水井，应是城中取水之处；内御殿依据原来每个房间的基座砌成了一个个长方或方形的池子，里面注满清水，好似一面面明镜，它们组成了“流水园”。庭园东侧的“林泉园”保持着江户时代的原貌，北半部是从裸露的岩石上落下的瀑布和流水，流水被巨岩所夹持，犹如冲出万山的长河，南半部是个近似圆形的水池，池周全是护岸石，池中立着、卧着的都是岩石，再无添景饰品，倒是能看到红色、金色、红白相间的锦鲤在池水中悠然自得地洄游。池泉之西有座“聚乐亭”，泉之东的胜山山林中有座“胜山亭”，北边“瀑布”落下处有座“观恒亭”，它们都是茶室。特别是“观恒亭”，它有竹篱笆、石灯笼，有“飞石”“腰掛”和“雪隐”，还有个很有名气的“水琴窟”——它是一处露地。因有这些茶室茶庭，松山城二之丸庭园中经常举办茶会、句会（俳人们按顺序咏颂自作俳句，大家互相评价）等文化活动，给庭园带来浓厚的文化色彩。

五岛福江石田城五岛氏二之丸庭园：

长崎外海中的五岛，面对朝鲜半岛的济州岛，最南面的福江岛是它的政治经济中心。1846 年，江户幕府为加强国防，允许肥前福江藩第 10 代藩主五岛盛成建立了“石田城”，城于 1863 年完工。建城的同时，盛成请来京都僧人全正在城的二之丸营造了庭园。石田城是日本最后一座藩主居城，它完工四年后幕府落幕、明治新政府成立，1873 年一道“废城令”下，它的本丸和天守被拆除，那里变成了一座学校（今为长崎县立五岛高中），但二之丸的庭园侥幸留了下来。那是处池泉回游式庭园，设在五岛盛成隐居的隐殿前，周围生长着数百年树龄的古树、亚热带植物、从中国引种来的黄金色的金明竹。园内有以附近“鬼岳”上的熔岩推成的筑山，中心是个引护城河水而形成的心字池。它以石组围岸，水池的半面种着荷花，池中有个用岩石围起来的龟形小岛，好像藩主五岛盛成对乌龟情有独钟，有专家在园中数出了 36 块龟头石……

此处，另有几处大名庭园，既属于高层次的武家庭园，也别具代表性。下面将它们单独纳在一个章节里加以叙述。

第五章

皇家所到之处：宫廷庭园和离宫庭园

无论是贵族文人当政时代，还是武家统治的幕府时代，日本皇家都建有宫廷庭园和离宫庭园。比如前述平安京神泉苑本是宫廷禁园，嵯峨苑本是离宫御苑。前述的旧芝离宫恩赐庭园和滨离宫恩赐庭园，虽属大名庭园，但它们曾被明治时代的皇室收买或由宫内厅管理，后以“下赐”形式归还给东京，所以也属离宫庭园。二战后皇室下赐的离宫有不少，神户的须磨离宫公园便是其中之一。有位名人大谷光瑞（1876 年—1948 年），是日本僧人，也是探险家，曾率探险队在新疆活动。1907 年，宫内省（今宫内厅）买下了大谷光瑞在神户的别邸，于次年起直到 1914 年建成了须磨离宫及其庭园。二战时离宫及庭园被毁，战后又复旧，最后被昭和天皇下赐给了神户市，加上神户财阀冈崎氏的别邸，成为须磨离宫公园。该公园极其广阔，总面积 82 公顷，包括了 24 公顷的植物园和 58 公顷的本园——庭园。较小的植物园内倒是有和式建筑和较小的和式庭园，但那庞大的本园却是个纯西洋风的平面几何学式庭园：马车道、连续的瀑布、多座长方形的水池、大小喷泉、草坪广场、以玫瑰为主的花草、古希腊海神波塞冬的塑像……

下面介绍几处纯和式的宫廷庭园和离宫庭园。

京都御所庭园

京都自平安时代初年（794 年）起，直到明治二年（1869 年）迁都东京，千年之间一直是日本的首都。今日京都的“京都御苑”是处很大的国民公园，它里面的“京都御所”是历代天皇朝政及居住之地，它是南北长 450 米、东西宽 250 米大的皇宫。它的前面（南面）是以“紫宸殿”为中心的一系列殿堂，它的东面有住所、书院、文库（书库）等。到江户时代，在东面的建筑物中间营造了宫廷庭园，是池泉舟游式、回游式庭园，称作京都御所庭园，它又分成了南半部的“御池庭”和北半部的“御内庭”。

京都御所庭园主要指的是御池庭，它的东侧是文库，西侧有“小御所”和“御学问所”两座建筑物：小御所是寝殿造和书院造混合型建筑物，是天皇与将军、大名等武家相见的殿堂；御学问所是举办和歌会及研究学问、艺术的殿堂。在这两个殿堂之间有块“蹴鞠之庭”，是踢球锻炼身体之地。文库和

京都御所御池榉桥

两个殿堂中间的御池庭面积 8 000 平方米，池名御池。池西侧有长长一片曲形洲浜，它以流水冲洗过的圆石和栗石（岩石碎块）混合铺就，使洲浜既有人工之美也有天然之美。洲浜中间铺着飞石，其通到以水中横卧着的长条石铺成的“舟着”（登船处）。池水之中筑有三岛，位于中央的龟形中岛名蓬莱岛，其上植有树木，立有很大的石灯笼。蓬莱岛之北的北岛很大，景观也多，它以一座石板桥和一座有护栏的石桥沟通两岸。蓬莱岛之南的南岛也很大，但它更令人上眼的是连接两岸的桥。连结西岸的“榉桥”是座反桥，未涂漆，很素雅，造型优美，它的桥栏雕刻十分精美，是京都御所庭园的诸桥中最有名的桥，也是日本最具代表性的桥；连接东岸的“八桥”则是八曲桥。池水之东有一帘落瀑，池水之北也有一帘落瀑，可顺着这道小瀑布的源流走进御内庭。

御内庭面积 7 000 平方米，东侧是御内庭御文库，西侧有京都御所最大的建筑物“御常御殿”，是天皇居住之地，它面对的是一片枯山水。西侧还有“御凉所”和“花御殿”两处殿堂。居中的池泉引自一条遣水，泉是细长又曲曲弯弯的溪流，作曲水，由曲水构成的池比御池庭的御池小得多，叫作龙泉之庭，池底以栗石铺就，曲水旁和池旁均有巨石组成的石组。水池中一座由巨岩堆砌的中岛名蓬莱岛，由三座石桥通往东、西、南三岸。此庭多桥，除去中岛的三石桥，还有架在遣水之上的一座天然石桥，在流往御池庭的曲水上还架着三座桥——

板桥、石桥、土桥。板桥以两块石板搭成，石桥是块巨大的天然石，它和它的护岸石组成了庭中最豪华的石组，土桥则是桥面上铺着土的反桥。御内庭内有两处建筑物，一是池北的泉殿，它是木造平屋建筑，是地震时为天皇准备的避难之处，故又名地震殿；另一处是池北的“听雪”，是一座柿树皮葺屋顶的数寄屋造茶室。“听雪”的一个角落里有名为“蜗牛之庭”的枯山水，由白砂石和石组布成，其中一组岩石有如伸出犄角的蜗牛。

京都御所庭园的御池庭和御内庭内均植有黑松、红枫和花，使得庭园安静又优雅，但比较而言，池大、巨岩石组多为御池庭更添阳刚之气，池小而多小桥流水的御内庭则别有阴柔之美。

仙洞御所庭园

京都御所的东南侧，有处“仙洞御所”。御所是贵人居住之地，仙洞是仙人居处，也指远离世俗隐遁深山，而此处的仙洞御所是日本退位的天皇（称上皇或法皇）居住休养的地方。仙洞御所的营建表现出战国三雄丰田秀吉、织田信长、德川家康与天皇家的微妙关系，1605 年起，织田信长为准备退位的后阳成天皇建起了这御所，后阳成天皇于 1611 年退位，其第三子即位为日本第 108 代天皇后水尾天皇。但后阳成天皇于

1617年便驾崩，他在那御所里并没有居住很久。在这之前的天皇家与丰臣家关系亲密，三雄相争最后德川家康胜，于1603年开创了江户幕府。1609年，宫廷中发生了公家（服务于朝廷的高级官员）高官猪熊教利与女官乱伦的“猪熊事件”，德川家借此杀害、流放了原丰臣家为皇家安排的一批公家高官。之后德川家康和第二代将军德川秀忠发布了“公家众诸法度”和“禁中并公家诸法度”，限制了公家的政治活动，也吓得另一批丰田秀吉派的公家倒向了德川家。此时正值后水尾天皇即位，秀忠将其子女配与后水尾天皇。亲德川家的公家又不太听天皇使唤，加上1627年发生了后水尾天皇欲授予大德寺等寺院高僧着紫袍的敕令却被三代将军家光宣布无效的“紫衣事件”，这让后水尾天皇很不顺心，在33岁时便将皇位让给了第二皇女（明正天皇），自己当上了太上皇。德川幕府将军提前得知了他的退位心意，便请时任“作事奉行”的小堀远州（幕府掌管建筑、修缮的管理者）重修了仙洞御所，并营建了御所内的庭园。

后水尾天皇的仙洞御所北邻皇后光子的大宫御所（两御所后因遭遇火灾今仅存遗址），仙洞御所庭园是处池泉舟游式、回游式庭园，面积约5公顷，池泉分成南北两个大池，北池位于大宫御所东侧，南池位于仙洞御所东侧，两池紧紧相连。北池形如大脑，南池形如心脏。北池西侧有茶室“又新亭”，南池南侧有茶室“醒花亭”；北池有瀑布“雌泷”，南

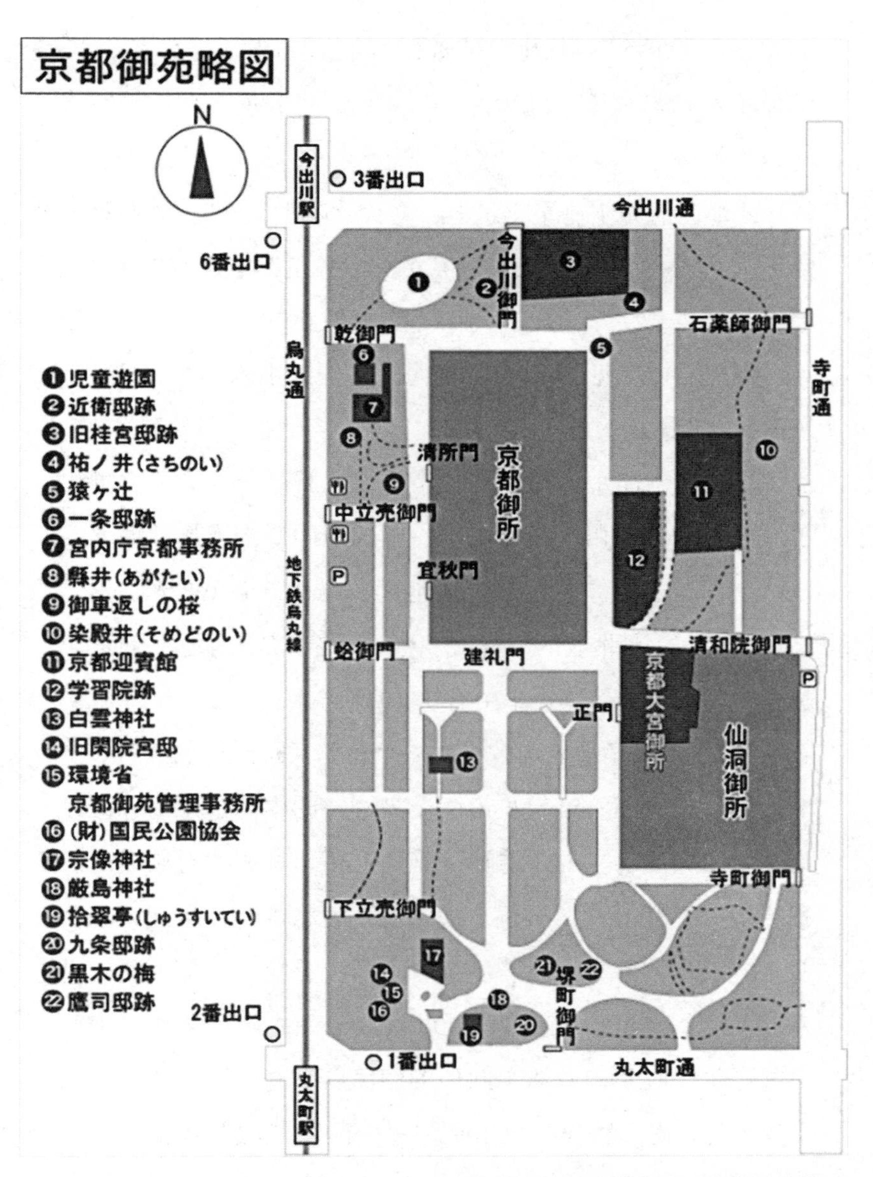

京都御所庭园和仙洞御所庭园的方位图

池有瀑布“雄泷”；北池有登船的“舟着”，南池也有停船处。两池看似对称平衡，但你再仔细观察，可发现小堀远州在南池投入的精力更多。

北池西北角上有个小水池，名称“阿古濑渊”，它曾是涌泉之水，以一座由六块石板拼成的“六枚桥”与北池相连。北池近岸处堆筑了一个鹭岛，由一座土桥和一座石桥与岸上相连，走出石桥便见“雌泷”，它是道孱弱细小的瀑布。又新亭则是一处带露地的茶室。

修池挖出的土堆在了北池南岸，也就是南池北岸，堆出了红叶山和苏铁山，红叶山下一条短短的壕沟连接着南北两池，上面架着一座红叶桥。南池的“雄泷”宽 0.8 米，落差 2.3 米，显得比北池的“雌泷”要雄壮得多。南池里伸进了长长的出岛，出岛岸边水中有块 10 平方米大的石块“草纸洗石”，它表现了早前宫中歌会时一个作弊又被洗清的故事。南池池中以堆土围石筑起了由两个岛合并的中岛蓬莱岛和葭岛这两个较大的岛。一座造型美观的反桥、一座架有藤棚的长长的带石栏杆的八曲石桥，横跨池水地将中岛连接起来，犹似一道长堤。葭岛由巨石围拢，上面植有黑松。最可看的是南池西侧的洲浜，它由 111 000 块扁平的小圆石铺成，那些小圆石是当时小田原藩主向他的领民以一升米换一块小石头交换来的，有名称作“小田原之一升石”。南池的茶室醒花亭的一室中悬有匾额，内镶拓片，上书：“夜来月下卧醒，花影零乱，满人襟袖，疑如濯魄于冰壶。”那是李白诗句，也是茶室冠名由来。从醒花亭到八曲石桥的池岸名称樱马场，是因为从建园至今都种满了樱树。

仙洞御所内植有松树、樱树、竹林，但最多的是枫树，听听红叶桥、红叶山、苏铁山（山上枫树比苏铁多）就知道枫是此庭园植物景色的主题了，秋季来临，满园火红……

修学院离宫庭园

连绵于京都东北部和滋贺县西南部的比睿山，自古便是日本山岳信仰的名山，山上的日吉神社是拥有 2 000 座分社的本社，自公元 788 年名僧最澄在山上开创天台宗寺院延历寺以后，它便成了“日本佛教之母山”。1653 年，遵照已成太上皇的后水尾天皇（1596 年—1680 年）的指示，在今京都市左京区修学院的比睿山山麓建造了离宫和庭园，它便是修学院离宫庭园。此离宫庭园不在一个平面上，是从山脚到山腰建了三处庭园，它们分别叫作下御茶屋、中御茶屋、上御茶屋。

下御茶屋面积 4 390 平方米，其内原有茶屋“藏六庵”，现存数寄屋风书院“寿月观”，是上皇举办茶会、宴会的地方，书院外有青松、白砂、飞石，内藏有多幅绘画，最著名的是江户中期一流绘师岸驹的水墨障壁画《虎溪三笑》。从上御茶屋落下的瀑布形成了一条遣水，遣水自寿月观后流到观前，先以瀑布形式落下，其名“白丝泷”，此瀑布虽小但合拢它的石组却很壮观，落水汇成了一个形如心字的水池，水中伸出个出岛。水池不大，一眼即可望尽，所以下御茶屋可谓观赏式池泉庭园。此园秋季红叶可观，而四季均可观的是遣水和池旁立着的三种不同样式的石灯笼——袖形灯笼（形如鳄鱼张着口）、朝鲜灯笼和橹形灯笼（四方开口如同箭楼）。

从下御茶屋往南拾阶而上，可达中御茶屋。其面积 6 900 平方米，遣水、瀑布和水池比下御茶屋的小得多，但布局很巧妙。这里地势高低不平，庭内却有许多错落有致的建筑物，包括乐只轩、客殿和一座林丘寺。乐只轩取名于《诗经》中“乐只君子，万寿无期”句，是一座由瓦片和桧木板苫顶的建筑，轩内有多间房屋，墙壁上多有绘画。客殿是全桧木板苫顶的书院造建筑，其墙壁和拉门上多有金箔图案、水墨画、障壁画。乐只轩本是后水尾天皇的第八皇女光子内亲王（朱宫）日常生活之地——音羽御所，父皇驾崩后她削发为尼，将音羽御所改成了林丘寺，孤灯一人活到 94 岁，经历六代天皇朝政。客殿则是移筑过来的朱宫养母的旧御所。

从下御茶屋往北拾阶而上，可达上御茶屋，其面积 4.6 公顷，池水占其半，相当广阔，是为迎合有乘舟游览嗜好的后水尾天皇而开辟的，它是处池泉舟游式、回游式庭园。水自上方的音羽川引来，但在平地挖池易，在山坡上造池难，难在如何防止滑坡产生的土石侵入。工匠们想出办法，垒砌了长达 200

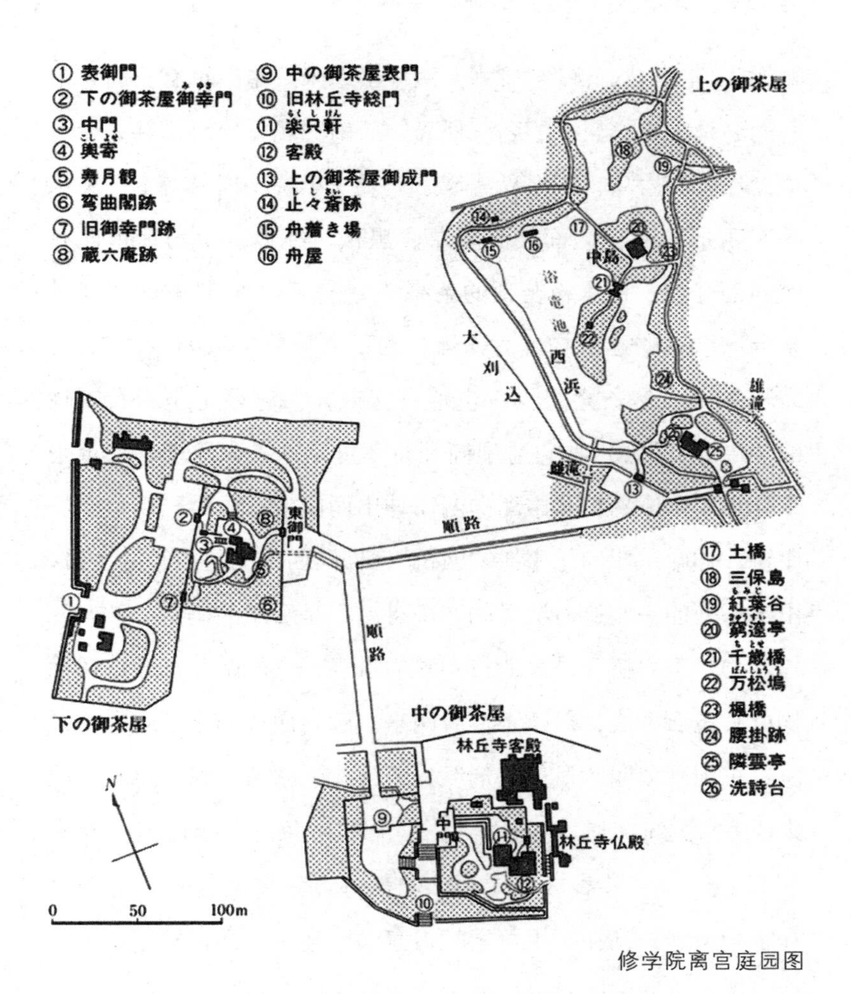

修学院离宫庭园图

米、高13米、分为4层的石垣，再在石垣前植树造林形成三层“生垣”和一层“大刈込”，它们组成了固若金汤的“大堰堤”，既防止了滑坡也造成了景观。大堰堤下的大水池名“浴龙池”，水自“雄泷”“雌泷”两帘瀑布来。水中筑有三岛，中心的岛是中岛，居北的名三保岛、居南的名万松坞，其旁还有小岛赤岩和岩岛。三保岛离岸近，只一小桥距离，看上去更像一个舌形出岛，上面长满青草、黑松、红枫。中岛顶上面有座四面开窗、桧木板苫顶的茶亭“穷邃亭”，它是庭园创建以来唯一余存的建筑物，有人评其为日本传统建筑的最高杰作。万松坞上当然长满黑松，也植有红枫，但它多了座岩石围拢的“御腰挂”，别看它造型简朴，那可是涂了朱漆的、皇上坐下休息的御座啊！从中岛向两岸伸出两座桥，向万松坞伸出一座桥。伸向东岸的是木造“枫桥”，伸向西岸的是长长的土桥，出土桥处的一座遮着凉棚的“御舟屋”是登船的码头。伸向万松坞的“千岁桥”是最值得一看的景观，它的两座桥墩和桥面均以长条石砌成，但桥上建有两亭一廊，西边的亭顶向四下倾斜，东面亭顶叫“凤辇宝形”顶，顶尖上立着一只金凤凰，原来它是一座造型美观的廊桥。水池东南角，全园最高处建有“邻云亭”，它外表朴实无华，内部亦无过多装饰，是为观景和眺望所建，站在那里可远眺借景来的连山，亦可俯览庭园景色，或山下的层层梯田……

桂离宫庭园

坐落在京都市西桂川西岸的桂离宫，是江户时代初期亲王八条宫家的别邸，是个池泉舟游式、回游式庭园。八条宫又称桂宫，桂离宫是桂宫第一代智仁亲王（1578年—1629年）和第二代智忠亲王（1619年—1662年），倾两代心血营造而成的，它被誉为日本庭园史上的杰作。桂离宫从未遭遇火灾和战火，依然保持着四百余年前的原始风貌，因此被称为日本古典第一名园，今归宫内厅管理。

桂离宫广7公顷，庭园面积近6公顷，其中心是不到1公顷的心字池。池岸上多有筑山、石组、各种样式的石灯笼，以石桥、木桥相衔的大小五个岛与柔和弯曲的池岸，将心字池划分为多处清澈见底、镜子般的水面。水中倒映着绿树翠竹、楼堂亭轩，反射着一片美好的湖光山色。岸边铺着的石路曲曲弯弯，弯曲之处常掩盖一景又呈现另一景，给人移步换景、曲径通幽之感。池中心的大岛、中岛和神仙岛，寓意中国皇家园林中的“一池三山”造园形式，表现一派仙境。池东北两个小岛边有一片洲浜和深入池中的“天桥立”。天桥立，是横于京都府西北日本海宫津湾和内海阿苏海之间的一条长形沙洲，宽近百米、长三公里多，上长松树7 000棵，被誉为天桥，是日本三景之一。桂离宫的天桥立，以平石铺就，长十几米、宽两三米，舌状，先端水中立一石灯笼，是一处缩景。

游览桂离宫，除去水景石景林景，更应着眼的是它的庭园建筑。它的主要建筑物是四个茶屋、一个佛堂、一栋书院，还有几处庭园中不可或缺的小建筑物，我们可以从桂离宫北面入口的“御幸门”进园，顺着游览线路一一说起。御幸门为智忠亲王专为迎接后水尾上皇而修，木制门，由未加工的山毛榉原木做的门柱、厚厚的草顶。它会令一般游客大吃一惊，迎接太上皇怎造如此简陋之门！不，它质朴，但很讲究。入门经一条长长的御幸道，便可看到几根细细的木柱支撑着一个大茅草顶，顶下有一条长木凳和一间小屋，是为厕所，叫“外腰挂”，是等待进茶室前的休息之处。再往前走，山坡上又有一亭，叫“卍字亭”也叫“四阿”，四阿是中国的一种建筑形式，它在日本庭园中居高处，起休息和俯览园景的作用。

卍字亭下有个突入池中的出岛（半岛），上面坐落着堪称园中重中之重的景点——松琴亭，它仍旧是茅草顶，是“茅葺田舍家风茶屋”。（连同前面御幸门和“外腰挂”一起说下它们的茅草顶：它是用厚达半米的茅草铺成的屋顶，日本叫成“茅葺屋根”，是日本从古至今的一种房屋建筑形式）。松琴亭茅草顶下面的天棚由竹竿排列而成，屋则是木造的，房有两间，面积56平方米。别小看这全以草、竹、木等最普通的天然材料建成的“亭”，它的每个构建都有讲究，其室内挂着“后阳成天皇”御笔的“松琴”匾额，还挂有江户初期的、也是日本绘画史中最大画派“狩野派”画家的山水图、花鸟图。出松琴亭往南走不远，折向西过一小桥登上池中最大的岛，虽为大岛，但它按池泉庭园的标准而称“中岛”，中岛很高，松树成林，上面坐落着茶亭“赏花亭”和佛堂“园林堂”。隔着变细了的池水，中岛对面有座茶室“笑意轩”，从中岛过一桥折向北，到心字池西北角，还有一座茶室“月波楼”。这四座茶室都是临水观景的好地方，它们的名称多有中国诗词韵味，一座园内有这么多茶室，堪称茶庭。

月波楼后面是庭园中最大的一组建筑——书院，它呈雁形地排列着古书院、中书院、新御殿，它们都相当宽绰，光新御殿内就有九个房间，都建造得相当精致。中书院内绘有狩野派画家狩野探幽、狩野尚信、狩野安信三兄弟的障壁画，新御殿是离宫的“宫”，即亲王的居室，里面的多宝格是用黑檀、紫檀、沉香、朱桐等十八种进口名木制成的。中书院和新御殿之间，连着一间较小的房屋，叫作“乐器之间”，里面置放着琵琶、古琴等乐器。

桂离宫庭园是免费的，但得提前预约方可观览，一日仅接待二三十游客，以保它的古朴、优雅、娴静，也便于专门导游细细讲解。常听游客欢呼天作美，令他看到桂离宫庭园的光明鲜丽。其实，你若遇上细雨绵绵亦不必惋惜，那时的桂离宫庭园被雨雾云霞笼罩出侘寂之美……

第六章

神灵的降临：神社和神宫中的庭园

从自然信仰到神佛习合

上文中介绍了许多佛家，尤其是禅寺中的庭园。其实许多日本神道的神社、神宫中也附有庭园，如前面说的几处设有曲水庭园的天满宫便是祭祀学位之神菅原道真的神社。

神社庭园与佛家庭园有相似之处，也有不同之处。日本古有自然石信仰，古代日本人会以形态不同的石块石条排列成圆形图案来祭祀他们的先祖，叫作环状列石，它被视为日本最原始的庭园。日本人认为神之灵会降临于巨石之上，这种自然石或岩石信仰，突出表现于神道的神社和神宫中。在述说神社和神宫的庭园时就出现了社庭、磐座、磐境、神篱、神池、神岛、神桥等名词。社庭是神社中的庭院或庭园，它在皇家庭园中称神苑，在一般神社中叫社庭。磐座即神灵降临的岩石，它

这种远古时代的祭祀先祖的“环状列石”被称为日本庭园的雏形

最早出现在《古事记》的记载中，被认为是神社庭园的雏形。磐境是用巨石作围墙、内筑敬神的石龛的一围境地。神篱是临时迎神用的巨石，它有时会放置在神社近旁，有时会放置在神社后的山上。神池、神岛、神桥自然是神社庭园中的水池和小岛、小桥了。

神社神宫的庭园也会以池泉、枯山水形态来表现，它的筑岛和筑山有时会用佛家道家的名词冠名，有时会用神道名词冠名，比如大分县大贞八幡荐神社的庭园的神池，有着宽阔的水面，水中由东到西的斜线上排列着三座神岛，名为玉岛、锋岛、镜岛，分别表示日本神道的三种神器——八尺琼勾玉、天丛云剑和八咫镜。

滋贺县八日市的市松尾町有座松尾神社，它的拜殿左侧有个安土桃山时代所造的、面积560平方米大的庭园，名称松尾神社庭园，是处蓬莱式枯山水。庭园东半部好像一副眼镜的两片镜片，被分成两个“池”，北池仅是一圈石组围起来的枯池，南池中间有一组鹤龟兼用的石组。两池中间架着用极厚的岩石做成的石桥。庭园西半部由南往北数，是又一组鹤龟兼用的石组、蓬莱石组、蓬莱连山，每个石组中都有一座高高的主峰。说起来简单，但看得出作庭家充分考虑到了整个庭园的布石均衡。这种布局，尤其是超厚的桥石和那些主峰石的刚健粗犷，都体现着武家气势。那是因为松尾神社本身是建在一个叫“建部氏馆”的遗址上，那建部氏曾是当地领主，是武家家族。

尽管松尾神社庭园里没有铺着白砂石，它也可列为枯山水中的石庭，但为什么一座日本神社的枯山水中的筑山、石组会被命名为有着中国神仙思想的鹤、龟、蓬莱呢?

道家思想和神仙思想，早于佛家思想传入日本，并融入日本民间神道中，这个过程称作“习合”。佛教自6世纪传入日本，成为日本佛教信仰开始，便与本地神祇信仰的神道融合在一起，成为合二为一的信仰体系，它被称作“神佛习合”。经过江户时代中末期的尊儒、提倡国学和复古神道，最后是在明治政府的“神佛分离令”下，这种合二为一的信仰体系终被分解。但那维系了千余年的你中有我、我中有你的道家与神道的习合，特别是“神佛习合”，还是在日本各个方面留下了烙印，烙印最深的当然是在神社神宫及它们的庭园中。比如这松尾神社，原本是奈良东大寺属下的延命山尊胜寺。你（佛家）来山中来建寺可以，但此山及山岩的镇守是我（神道），我得建座松尾神社当你尊胜寺的镇守。它们便“习合”（也是混淆的意思）在一起了，也“习合”出庭园中的中国神仙思想的鹤、龟、蓬莱了。还有的神社庭园，比如北畠神社庭园，还“习合”出了佛教思想的须弥山和八山八海合成的“九山八海”来。在三重县一志郡美杉村有座北畠神社，它的庭园占地 2 800 平方米，是处池泉回游式庭园。北畠神社本为祭祀南北朝时代的公卿武将北畠显能而建，因此它的庭园尽显武家庭园气势。其池泉呈米字形，称作米字池，那米字拦腰一横处架了一座“琴桥”，因有这样形状的池泉，它也被称作曲水之庭。站在“琴桥”之上，可看到两边池岸和岸上布满了护岸石、三尊石、海岬石及各种形状的岩岛，制作它们的岩石变化多端，使得庭园有如仙境。米字池东端陆上有一组旋涡状的大型石组，那便是须弥山石组了，正中矗立的大石是须弥山，围着它转的八块岩石是八山八海，加上须弥山成为九山八海。

各有特色的神社庭园

日本的神社有多种系统，居于最高位的是以伊势神宫为代表的祭祀天皇的神宫，其次是属于朝廷、国家级的官币大社——出云大社、八幡宫、住吉大社、熊野大社、日吉大社、稻荷大社……再其次是这些大社的分社、末社了。它们各管各摊、各司其职，比如八幡宫负责国家安全、住吉大社主管大海和海上安全、日吉大社主管山岳、稻荷大社主管农业……神不露面于神社，仅派代表出面负责，它们叫神使，比如住吉大社的神使是兔子、日吉大社的神使是猴子、稻荷大社的神使是狐狸。

青森县津轻市有座高山稻荷神社，神社参道上立着一座黑色的大鸟居（开字形山门）。它主管五谷丰登，也兼保海上安全（神社靠海边），还保商业繁盛。它的庭园是一条细细长长的池水，庭园旁有长长一列石雕狐狸，还有长长一列像狗屋那么大的小祠，每个小祠中还有许多陶瓷狐狸，真是数也数不清。这池泉上架着一座赤红色的平桥和一座同为赤红色的反桥，桥旁立着一座赤红色的大鸟居，而陪伴着长条流水的是排列成行的几百座赤红色的小鸟居，它们称作“千本鸟居”，是神社和庭园的压卷之作。

佐贺县鹿岛市的佑德稻荷神社，是包括京都伏见稻荷大

青森县津轻市高山稻荷神社庭园的千本鸟居

社在内的日本三稻荷之一，占地广阔、规模庞大，殿堂颇多。最宏伟的是它的御本殿，有如著名的京都清水寺本堂舞台那样，被高高宽宽的木架支撑在山腰间，不同的是清水寺的木架是原色的，佑德稻荷神社的木架是涂成赤红色的，当然它还有稻荷神社特有的多座红色鸟居。在佑德稻荷神社的一角有处日本庭园，它有水池，有小桥流水，更主要的它是一座大花园。一月寒牡丹、二月蜡梅、三月绯寒樱、四月踯躅和紫藤、五月花菖蒲、六月紫阳花、七月夹竹桃、八月紫薇、九月牵牛花、十月大波斯菊、十一月红叶和菊花、十二月办花展……一年四季花不败。

大分县宇佐市有一座宇佐神宫，规模相当庞大，它是日本四万座八幡宫的总本宫，院内有上宫、下宫、若宫神社、春宫神社、神宫厅、参集殿、宝物馆，甚至还有座寺庙大善寺。它被一条奇藻川及其支流围拢，流水引入宫内形成一个水网地带，流水汇入位于神宫中心的一个大水池——菱形池，是为宇佐神宫的庭园，也可以说宇佐神宫本身就是个大庭园。这菱形池的模样并非几何学中说的菱形，而是一个大菱角，它的名称来自围着它的三座山——北面的小仓山、东面的大尾山、西面的宫山，它们都不大，但整个布局形状像一个巨大的菱角。我曾于一个夏日游宇佐神宫，留下的印象是所有的社殿均是朱红色的，多座反桥、平桥也是朱红色的。进神宫西参道，须跨过架在奇藻川的三座朱红色的“神桥”，其中一座叫“吴桥”，名字首先便让我这个华人感到亲切，后又见其为一座廊桥，更觉亲切。介绍说它曾出现在镰仓时代，改建于1622年，又经近代的大修改。曾在中国江南见过许多廊桥，多数是平桥，有建在拱桥上的廊，廊顶或斜或平；而这“吴桥”的廊和顶是就反桥之势而建的，显出弧形之美。菱形池中有几个小岛和一个大岛，经三座朱红色反桥绕来绕去可到大岛上的能乐殿和木匠祖神社。能乐殿一侧是立于水中的水榭式的朱红色建筑，另一侧是个大舞台，在那里表演能乐以祈愿丰收。那木匠祖神社的名字也让我心中一动，自然明白它是祭祀木匠的祖神，但日本管木匠称作“大工”或“右官”（泥瓦匠成左官）的呀？看来日本过去是有木匠这一名词的。菱形池中开着荷花，却见池中铺满了比荷叶小得多的叶子，那是什么？好奇地拽了一把，竟带上来几颗小豆角，细看，不是小豆角，却是莼菜！忆起“莼羹鲈烩”啦，原来日本有莼菜。游了回日本神社和它的庭园，见识了不少中国元素。

谷崎润一郎笔下的庭园：平安神宫神苑

日本著名文学家谷崎润一郎的名著《细雪》，是日本唯美主义的典范。它描写了大阪名门望族莳冈家四姐妹的感情，尤其是三妹雪子的相亲故事，小说以写情为主，交融着事和景，虽然故事产生于大阪，但许多情景是在京都。书中写她们仰望数株垂枝红缨时一起发出了“啊”的感叹声，比如“往长着菖蒲的白虎池水际走去时……在苍龙池的卧龙桥石上落下水影……”，比如“在栖凤池东的茶室饮茶、从楼阁的桥栏给绯鲤投食……”此景在哪里？它在京都平安神宫神苑。《细雪》写于 20 世纪 40 年代，描绘的是其前一二十年的女子情事，而平安神宫神苑创建于 1895 年，对于书中女主人公们来说是并不遥远的新作。

1895 年，为举办平安迁都（从奈良迁都到京都）1100 年的纪念大祭，明治天皇诏令在京都营建了平安神宫和它的神

京都平安神宫神苑栖凤池桥殿

苑，神宫包括了本殿、内拜殿、太极殿、白虎楼、苍龙楼等规模宏伟、色彩亮丽的建筑。从东、北、西三面围拢神宫的神苑是处面积 3.3 公顷的池泉回游式庭园，它的水来自前述“琵琶湖疏水”，它的作庭家是小川治兵卫。

神苑包括了有平安池的南神苑、有白虎池的西神苑、有苍龙池的中神苑和有栖凤池的东神苑。莳冈家姐妹感叹的垂枝红缨应在太极殿前，但细长如溪流的平安池旁围着更多的垂枝红缨。白虎池旁有瀑布和泽渡，池畔却如《细雪》所述长满菖蒲，池中心浮着莲叶，池旁有座茶室澄心亭。苍龙池中有鹤岛、龟岛、中岛，通往中岛的桥名为“卧龙桥”，但它不是木桥或石桥，而是比白虎池泽渡长得多的泽渡——立于水中的圆形飞石，莳冈家姐妹当年曾踩着飞石过桥，其时在水中留下了绰绰倩影。栖凤池最大，池中也有三岛，但引人注目的是贯通两岸的“桥殿”，它实际是架廊桥，正名叫作泰平阁，是处桧木板苫顶的二层建筑，底层是廊，上层是阁，阁顶立着一羽铜凤凰。游人可购买饵食站在桥上喂给池中之鱼，莳冈家姐妹就是在这廊桥上给池水中的绯鲤喂的鱼饵……

第七章

商人的如意算盘：从商家庭园到料亭

商人抬头：商家庭园的涌现

前述武家庭园和其高档次的大名庭园，均出于武家统治的江户时代。到了江户时代末期，尤其进入明治时代，出现了由商人、富农、大山林主营建的商家庭园。它们可比中国江南的私人园林，区别在于江南园林多是退官隐居的文人所建，而日本的私人庭园多为商人所建。这样的庭园在日本各地都能见到，但比较集中的是在青森县弘前地区、岛根县的小镇、山林，以及京都的"町家"，那些庭园多冠以某某家、某某邸的名称。

青森县弘前地区的商家庭园：

青森县弘前市有座弘前城，是江户时代弘前轻津藩藩主的居城，城下的龟石町是片商家街道，那里至今不见楼房，居民都住在古老的宅院中，那些院子被竹篱笆或灌木丛围拢，里面种有花草，本身就像一座座庭园，其中如旧岩田家住宅、右场家住宅等都成了市保护单位。在那里有处中村氏扬龟园，是明治时代的实业家中村三次郎营建的，可谓商家庭园。扬龟园面积近 1 200 平方米，它被伞形黑松所围，中心是个水池，是处池泉回游庭园。水池中有座生长着几株松树的“中岛”，池上有两架木桥，池中池岸上各有一幢雪见石灯笼。池的西岸堆有筑山，山间有以岩石砂石表现的溪谷、流水和瀑布。池东岸边有巨大的“礼拜石”和一列列“飞石”，踏着飞石可走到书院式茶室“扬龟庵”，这茶室是从商家街道的一家吴服店的别邸

弘前市清藤氏盛美园庭园

里拆迁过来的，并未附有露地，却在其南侧设了“二神石”石组，在其北侧设了一组蹲踞，其中的手水钵形如富士山，这蹲踞离茶室稍远，被叫成“离开的蹲踞”，这样的布置很是特别……

从弘前市内的扬龟园往西北行五六公里的宫馆地区，有处“瑞乐园”，是江户末期的“豪农”对马家于明治时代营建的枯山水庭园。“豪农”的身份是俗民，但又兼任着村镇领导职务，是幕府时代允许进行商业活动和小商品生产的亦农亦商的大地主，所以瑞乐园也可列入商家庭园中。瑞乐园以西五六公里处有座青森县最高峰岩木山（海拔 1 625 米），是座火山，早年间的喷火运动崩裂出许多奇形怪状的熔岩，造园家们近水楼台地将它们搬到瑞乐园中，布置成了筑山、枯泷、枯池、石桥、飞石……瑞乐园中的建筑物是一栋木造茅葺平房，像是普通茅草顶农舍，却又带着书院式建筑风格，内有许多房间和厅室，相当宽绰，坐在大厅的榻榻米上观览庭园是一大乐趣。青森县是日本苹果生产的大县，其无农药苹果是在弘前市的一家果农园中栽培成功的，三年前日本电影《奇迹的苹果》便是在那大厅里及岩木山一带拍摄的。瑞乐园称作枯山水庭园，但园中只有如山的岩石，却未铺着似海的白砂石，岩石旁没有青苔却长着花草，这也很特别……

弘前市东北不远的黑石市，也曾属弘前轻津藩，在它的市政府旁有处加藤氏泽成园，是明治时代以制酒业起家的实业家、政治家加藤宇兵卫营建的庭园。庭园总面积 5 000 平方米，中心是五个相连接的水池，它们因南北的高低不同而形成了两段池庭，池中有中岛等四个岩岛，多组华美的岩石形成了护岸石并伸出了出岛，园之南部是大型筑山和草坪，东部的筑山是一组枯泷。西部岸上的“客人岛”是枯山水式的石组，其西面有拜石和手水钵，经铺在它们之前的飞石可走到庭园的主屋，是个很大的附带茶室的两层建筑。泽成园原称金平成园，命名原因有二，一是筑园当时加藤宇兵卫考虑到解决失业问题，提出“给万民提供金钱去造园，以达世上和平”的口号，从中提出了“金平”两字；二是其制酒业的商号为“泽屋成之助”，从中提出了“成”字加在“金平”之后成为“金平成园”。泽成园水池多，架设的各种样式的桥也多。岸上立着的石灯笼也多，有三幢“六角雪见”石灯笼、三幢“丸雪见”石灯笼。石灯笼是日本庭园中的添景物，它们有各种形状，“雪见灯笼”的灯盖很大，可以防雪防风不致扑灭灯火，它形如六角伞或圆伞，青森县居日本东北，天寒多雪，庭园里立“雪见灯笼”也是弘前地区庭园的特色之一。

弘前市和黑石市之间夹着平川市，那里有个从室町时代兴起的清藤家族，也是亦农亦商的“豪农”，其家第 24 代主人清藤盛美于 1901 年请人用 9 年时间营造了清藤家盛美园，成为明治时代三名园之一。盛美园总面积 2 公顷，它包括居中的池泉、池东部的“行之筑山”、池西部的“真之筑山”、池南部的“草之筑山”及一片枯山水。池泉之中也有土石筑起的鹤岛、龟岛，还有座蓬莱岛，当然有池泉庭园所应具备的出岛、洲浜、石桥、石灯笼，另有一幢石灯笼，一脚踩在岸边，一脚踩在水中，和金泽兼六园的“徽轸灯笼”一模一样。“行之筑山”中间有一枯泷，是形如瀑布的一块巨石，其下有道经岩石落下的真瀑布，再下面是由巨石组成的石组。“真之筑山”上有可供休息和观景用的四阿，它的下面有岩石组成的枯泷。“草之筑山”下是一片以“刈込”造成的鹤岛、龟岛。枯山水南有礼拜石、手水钵及通往主屋的飞石道，这和上述几处庭园的布局一样。不一样的是盛美园的主屋“盛美馆”是栋和风洋风折衷的两层建筑，下层是纯和风的数寄屋造书院，上层是有半球形和尖塔形屋顶的西式建筑。参观盛美园后会得出两个印象，一是盛美园在营造时参考了许多名园的布景，一是清藤家第 25 代主人清藤辨吉于 1908 年请人建造的盛美馆，表现日本文明从近代走入了现代。

前述扬龟园在弘前城的东北角，城的西南角上还有处“藤田纪念庭园”，是商家藤田谦一于 1919 年从东京请来作庭家营造的庭园。藤田谦一从商家变成了实业家，还担任过日本初代商工会议所会头（会长），很有财力，他在私邸营造的庭园面积竟达 2.2 公顷，是日本东北部排得上名的大庭园之一。藤田纪念庭园的建筑有两处，一是纯西洋式的洋馆，一是木造平屋式的和馆。庭园也因落差 13 米的崖地分成两部分——高台部和低地部。高台部是个西洋风庭园，低地部是个池泉回游式日本庭园。1991年弘前市将庭园收买下来对外开放，所以没冠藤田氏或藤田家之名而称藤田纪念庭园。

除去请了东京作庭家营建的藤田纪念庭园，在弘前地区还有更多明治、大正时代营建的庭园和商家庭园，加起来多达400处，它们有着与其他地方的庭园不太相同的特色，除去地理、气候等原因外，主要原因是它们都出自一个叫“大石武学流”流派的作庭家们之手。此流派的创始人本是弘前轻津藩庭园营造的负责人，具体名字有多种说法，流派第二代当主也未见有记录，但第三代当家的名字，确有记载为高桥亭山。除去“藤田纪念庭园”，上述另外四处商家庭园中的瑞乐园作庭家是高桥亭山及其弟子池田亭月；盛美园的作庭家是高桥亭山的弟子小幡亭树；扬龟园的作庭家也是高桥亭山的弟子小幡亭树；泽成园的作庭家则是高桥亭山本人。幕府时代的身份制度是“士农工商”，其中的“士”由文士变成了武士，“大石武学流”第一代人和第二代人均生活在江户幕府末期，他们是为藩主及武家服务的，而自高桥亭山起已进入明治时代，此时武家没落、商家抬头，作庭家们的服务对象自然转到商家和富裕的农家去了。都是一个流派、一个师父带出的徒弟，他们的作品，自然有着与其他地方不同的共同特色了。

岛根县的商家庭园：

岛根县的商家庭园又比较集中在县东端的仁多郡奥出云町

和西端的津和野町，这和江户末期与明治时代的产业结构有关。明治时代的金银铜铁有百分之二十生产于岛根县（据1874年统计），其中铁的产量占据日本全国的百分之五十（据1881年统计），当时尚无高炉，采用古老的“タタラ”（音作“塔塔拉”，即脚踩式大风箱）式制铁方式炼铁（铁砂和木炭混合在一起燃烧，最终铁水自土炉下流出）。这一方式需要很多木炭，比如至今仅存于奥出云町的“日刀保塔塔拉”工坊，需用10吨木炭燃炼10吨铁砂，方能炼出1吨“玉钢”，以保障全日本制作日本刀刀匠的供给。需要那么多木炭，就需要更多的山林，岛根县很早就有开发种植山林的政策，并随之出现了许多大山林主，譬如奥出云町的田部家，在1879年拥有的山林面积竟多达230平方公里。

樱井氏便是奥出云町的山林王，他家拥有两平方公里的山林，山的一半是出铁砂的铁山，拥有号为“可部屋”的制铁工厂，他家在豪邸中营造的庭园名叫樱井氏庭园，是一处池泉庭园。樱井氏庭园中堆石而成的筑山，山上种满枫树，是秋天赏红叶的好地方，筑山上落下多道瀑布，名称“岩浪”，它的落水汇成山下一片水池，以石构成了中岛、洲浜。环池陆地上布置着一套石桌石凳、一幢石灯笼、一间草庵式茶室“掬扫亭”。

与上述田部家相邻的丝原家，起先以制铁起家，在江户时代便成了松江藩制铁的老大，到明治时代的1879年已拥有山林 44 平方公里，其后代曾专注于木炭生产，其家居是有 40 个房间的书院造建筑，此中营造的庭园称丝原氏庭园。丝原氏庭园是“池泉观赏式及露地”的样式，总面积 1 200 平方米，它以自然森林为背景，园内筑山上立着高高的石塔，种着一圈灌木，灌木丛中的岩石架着一道细细的瀑布，落水流入园中心 72 平方米大的池泉。园内有座草庵式茶室叫“庭玉轩”，进茶室前须经一片露地，因此又叫茶庭。此园设计很别致，有称是出云（这里古属出云国）流庭园。丝原氏庭园旁今设有“丝原纪念馆”里面保存并展示着“塔塔拉”制铁的原料、用具、产品的资料，还保存着明治及大正时代本地政经记录及诸多书画工艺品。

在该地区有一家拥有制铁工厂的卜藏家，其从松江藩取得了利用十五座铁山的特权，当然也以此积累下大量财富。他们也营建了庭园，叫作卜藏氏庭园。它本是处占地 860 平方米的池泉观赏式庭园，但因后继无人于 20 世纪中期变得荒芜，池泉变成了枯池，仅留下石头和石制品及周围的树木。2016 年，有人接收了荒废的庭园，在那里开了家卖山菜料理和荞麦面条的和式饭馆，并使庭园恢复了原貌：筑山石中落下如帘瀑布，一块鲤鱼石在迎接着它；池中岛旁的石灯笼置于石条上，它又顶着一块伞形天然石，好像一位头戴斗笠的渔翁；石灯笼背后是以两条石板搭成的桥，你站石桥后面看它们，桥似弓灯笼形如箭，它们是园中最悦目的一组造景了。在这处池泉观赏式庭园中，访客可坐在那和式餐厅里吃着山中采来的野菜，凭窗观赏它的美景……

岛根县的津和野町曾是津河野藩亀井氏的城下町（领主居城外面的俗民、商家街道），街道以外的远处是山谷地带，其中街道西北5公里外的石谷是日本屈指可数的大铜矿山。这地区被德川幕府指定为幕府直辖的“天领”，铜山的开采权交由当地豪族堀氏，代代相传。这堀氏相当于官商，早年间便在石谷营建了豪邸“乐山庄”。1897年，堀家第15代当主从大阪请来作庭家营造了池泉回游式庭园“堀氏庭园”。庭园借景于身后的“绿山”，从铜山的坑口引来流水形成两段瀑布，再汇成了作为养鱼之用的水池。池不大，使水中立着的雪见灯笼愈显巨大，“绿山”上的枫树丛中矗立着十三层石塔，进入深秋，绿山变成红山……

岛根县在日本属于山阴地区，被称为城下町的津和野町的中心是个古色古香的小市镇，有“山阴的小京都”之称。那里保留着数百年历史的古老建筑，一条数百米长的武家屋敷街道连接着俗民商家街道，商家街道中存有椿氏、冈崎氏、财间氏、田中氏等多座商家庭院。椿家是经营头油蜡烛的商家，其不大的庭园内布置着飞石、石灯笼、手水钵、蹲踞；冈崎家是经营和服、日用杂品和陶瓷的商家，其冈崎氏庭园多立石和景石，构成筑山和枯水；财间家经营酒类，其财间氏庭园分成前后两部，前庭有石灯笼和巨石石组，后庭是个筑山庭；田中家经营丝绸，其田中氏庭园是个观赏式池泉庭园……这些庭园均设于市井之中，故又有町家庭园之称，它们占地不大却颇见雅致。

京都的商家庭园：

从津和野町的町家庭园，又推及京都的町家及那里的商家庭园。京都的街道是仿古长安、洛阳格局布置的，多是正南、正北、正东、正西的正方形或长方形格子。而商人和手艺人所住的町家，又被划成紧紧并排、墙挨墙的长条。它们的门面很窄，是因为宽窄与税金有很大的关系，造屋的地方倒是很长，但却没了采光通风的余地。于是它们大致从前往后地建了外室、开天窗的中室、中室通往厨房的通道、厨房、内室，内室后面留出一块空地做采光通风用，最后是仓库。外室名“见世之间”，是做买卖的地方。那块空地相当于天井，主人利用此空间建成了小小的庭园，被称作“壶庭”或“坪庭”，它们没有余地修池泉，大多是种着两三棵小树，铺着小碎石，布有石灯笼、手水钵及两三块圆滑石头的石组，很像露地。那些町家住宅大多集中在今京都火车站西南不远的“锦市场”周围，除去现代改建的新式楼房外，还保存着远至150年前的町家及它们的商家庭园，因为它们都是前店后庭式的卖鱼、干货、咸菜、菜刀、陶器等有关于“吃”的店铺或有关于“饮”的小酒铺，私宅深处的坪庭或壶庭是很少对外开放的。但是近年来随着“民泊”（“民宿”）产业推广，有不少町家房主将它们的住所改装成了对设备要求很严格的民泊旅馆，使得旅行者能享受家庭的亲切温馨、见识到小巧玲珑的京都商家庭园。

料亭：政治、文化集大成之地

如同原意为厨师的“庖丁”传到日本成了“菜刀”的代名词，原意为“处理、办理、整理”的“料理”，成了日本烹调和菜肴的专用名词。中国菜和菜馆种类繁多，日本料理亦然。中国菜有鲁、粤、川、苏四大菜系及更多其他菜系，日本则有京料理和各式乡土料理。从形式上说，中国有满汉全席、孔府宴、少数民族的长街宴，日本料理有御节料理、本膳料理、精进料理、怀石料理、会席料理、普茶料理、卓袱料理等多种。中国经营饮食业的店家名称有大排档、菜馆、饭馆、食堂、酒家、酒楼、茶楼、茶馆、餐厅，日本则有屋台、居酒屋、大众酒场、小料理屋、料理屋、食堂、茶屋、料亭……

其中，那日本的屋台，相当于中国的大排档，而料亭，则被日本人自评为“日本文化的集大成之地”。

读者自可从名字出发，将料亭理解成设在亭状建筑物中的日本料理店，也算答对一半。在其旁驻足，便可发现那全由木材建成的亭很大，且被高高厚厚的木板墙（也有少数砖土墙）密密实实地围拢着，看似一座深宅大院。当你走进院中去，还

福冈料亭“嵯峨野”数寄屋造建筑外观

会看到一处优雅的庭园。

这种建筑样式叫作“数寄屋造”，“数寄屋”又称茶室，“数寄屋造”便是带有茶室风格的住宅。当然它不是小门小户人家所能拥有，而在这种建筑物中开设的料理店——料亭，自然是高格局的、高品位的，那里提供的料理，自然也是高价位的了。

我现居城市福冈的那珂川两岸，有着“老松”“满佐”“嵯峨野”“三光园”等数处料亭，它们的建筑样式便是“数寄屋造”，由于年代已久显得古色古香。其中的料亭“嵯峨野”，前几年请了名建筑家设计建造了新店，从它的亭与围墙上能清晰地辨认出名贵树木的木纹、闻到木纹里溢出的清香。京都拥有十几处“数寄屋造”样式的料亭。东京拥有几十家料亭，居日本之最，而集中于赤坂一带的数座料亭并非全是“数寄屋造”，因为那里是后起的繁华之地，寸土寸金，给不出宽绰而幽静之地，故屈身于新式楼房中，即使如此，那里的料亭也会将它们的门面装修成“数寄屋造”的样子。

料亭，包含了日本的建筑文化、庭园文化、茶文化。

日本管厨师叫调理师或料理人，在料亭工作的料理人都是有长期工作经验和精湛的操刀技术的人。为什么说操刀而不说掌勺？因为中国厨师灶上活儿好，而日本料理人案上的刀工强，因为中国菜多是煎炒烹炸出来的熟菜，日本料理多是将鱼和蔬菜类切出来的生菜。料亭里提供的主要是“割烹料理”，割即切割，割烹即切割后烹调。割烹料理是日本的高档菜或菜席，它也是精进料理、怀石料理、会席料理的合称。日本有许多经营割烹料理的专门店，已属高档，但同样提供割烹料理的料亭却属其中最高档。因为除去优雅的环境外，割烹料理店既有小间座席，也有围在料理人操作台前的座椅，料理人做的料理可以直接递给座椅上的食客，无需专门的服务员传递。料亭里吃宴席的地方是大大小小的“座敷”，即铺着榻榻米的和式宴会厅，料理会由身着和服的专门接待员“仲居”，以跪式服务方式呈递上桌。而且，料亭仅接待预约之客。

虽说料亭提供的主要是割烹料理，但不同地区的料亭中会加进本地特色的料理，比如京都的料亭会加进由京都历史形成、有京都特色的菜——京菜，做成“京料理”。长崎是采取锁国政策的江户时代日本唯一的对外贸易港，自开港便受到中华和西洋饮食文化的影响，长崎人取中国八仙桌和西式长桌的桌面原型、将它们的桌腿锯短而成为适合放在榻榻米上吃饭的桌案，饭菜内容是和、洋、中三结合，其中中华菜肴中东坡肉必不可缺，这种形式和内容的料理叫“卓袱料理”，它成了长崎料亭的特色。

日本的食器花色淳朴、技艺精湛，料亭所选食器则更精湛、更名贵，不少料亭使用的碗碟不仅是名牌货，还是历史上的名匠手工制作的。料亭里的陈设品和装饰品看似简朴但很珍贵，料亭因接待过许多政客志士、文人墨客，因而往往会珍藏着已成文物的、名人留下的器物和墨宝。

每当黄昏，在京都祇园的“花见小路”或其他很少几条路段上，便会出现艺伎或舞伎匆匆的身影。她们高高盘起的发髻间插满了篦子、笄子、簪子和花饰，面孔和脖颈被液体涂料抹得雪白，身裹艳丽和服，脚蹬木屐，迈着八字小碎步，行色匆匆（头上插笄子、簪子的是成年的艺伎，插满花朵的是二十岁前的舞伎）。艺伎的“艺”是在既是剧场、也是练习场的“歌舞练场”里自幼练出来的，包括文雅的举止谈吐、接人待客之道，以及对日本茶道、花道、歌、舞、音乐、乐器的全般掌握，这些均属于日本传统文化。

从长崎料亭花月宴会厅观庭园

这些行色匆匆的艺伎、舞伎从哪里来？又往哪里去呢？她们来自“艺者置屋”，她们去往茶屋和料亭，去茶屋表演茶道；去料亭以她们对于传统艺术文化的掌握为客人助兴。置屋（有的地方叫“卷番”），可顾名思义地理解是安置艺伎之屋，按现代语言称，置屋是在籍艺伎的事务所，是艺伎的人才派遣公司。

如果你细心观察城市街道，便会发现艺伎集中之处或料亭集中之处，多为近几年前还称作“花街”的地方。比如上述福冈的数处料亭，均在现名“清川”、旧名“新柳町”的前后左右，即福冈的“花街”；比如长崎的料亭多设在曾是“花街”的丸山地区；比如东京料亭集中的六个街道，本就是江户六大“花街”；京都亦有“六花街”和“五花街”之说。尽管曾经的

“花街”也不乏容有娼妓的“游廓”存在，但艺伎不是妓女，妓女卖身，艺伎卖艺。更何况“游廓”早被取缔，不然京都又怎敢将由艺伎、舞伎传承的文化称为“京花街的文化”或“与京都关联的非物质文化遗产”。

能邀请艺伎去到宴会上表演助兴，是料亭文化特色之一。当然，艺伎也会参加本地方的各种文化活动。

东京银座东侧有一区域名称筑地，那里有规模庞大的批发市场——筑地市场。市场外围是沿街毗邻的零售店和各类饮食店，热闹非凡。而街道对面却坐落有一间料亭名叫“新喜乐”，犹如身居闹市独享清悠。日本有两大文学奖——芥川奖和直木奖，自 20 世纪 50 年代起至今，它们的评选会场均固定在了料亭“新喜乐”，芥川奖的评选会场设在它的一层，直木奖的评选会场设在它的二层。文学奖的评选会场为什么会选在料亭呢？一是文人喜于聚会料亭说文清谈，二是料亭本就隐藏不露，从经营者到服务员对客人的言论都会守口如瓶。

福冈县柳川市是个水乡小城，也是文人辈出的文学之城。柳川河岸旁有座三层小楼，名称“松月文人馆”，它是明治末期的伎楼“怀月楼”，从大正时代（1912 年—1926 年）起直到 1994 年才改成了料亭“松月”。那料亭“松月”以文人墨客的涉足会聚而有名，它是出生于柳川的著名诗人、歌人、童话作家北原白秋主编的短歌杂志《多磨》召开大会之地，是刘寒吉主编的《九州文学》中许多作家作品的诞生地，同样也是给日本以野田宇太郎开始的“文学散步”文学流派带来黎明之地。在“松月文人馆”中陈列着许多大正、昭和年间的文人墨客在料亭“松月”留下的照片，还有他们的手迹、墨宝。

长崎的料亭“花月”的历史可以追溯到1642年创立的“花月茶屋”，它最早的一块牌匾写有“花月”二字，那字摘自中国北宋书画大家米芾书作。江户时代的长崎，有个由文人墨客发起的研讨书画文章的“清谭会”，它展示日人和唐人的书画，并进行切磋欣赏，那“清谭会”的会场及书画文章的展示会场，便设在“花月茶屋”的一间大客室中。江户后期的赖山阳走访九州时曾在长崎“花月茶屋”住过三个月，驻足较长的原因之一，是想等待清朝诗、书、画皆能的儒商江芸阁的商船到此，以探讨学问。今日料亭“花月”中有一单间名“山阳之间”，即为纪念此事。当然，从“花月茶屋”更名的料亭“花月”，也是文人眷顾之处，珍藏着文人的文物和名人、政治家的遗迹，最有名的当属坂本龙马在其今称“龙之间”的大宴会厅里舞刀时留在柱子上的刀痕。对了，中国民主革命先行者孙文也曾涉足料亭“花月”。

考察一些历史悠久的料亭，可发现它们从称茶屋开始至今，大约有四百年历史，那正是江户幕府初期。它们更名为料亭的历史也有一百多年了，那正是幕府末期和明治维新的前夜。为了控制藩主、防止谋反或再生战乱，幕府颁行了“参勤交代”制度，即让各地藩主一年隔一年交替居住在江户城（东京）和自己藩的领地。那些藩主在江户城建立了藩邸和别邸，又为了接待幕府将军和与其他藩主的交流应酬，建立了大名庭园，他们还为揣摩将军的心思、了解原属敌对阵营的藩主的意图而开设了高档料理店，让他们的属下在那里刺探情报、搞些合纵连横勾当，那就是料亭的滥觞，也是料亭政治的先河。

到了幕府末期，许多地方的料亭里又出现了推动明治维新的倒幕志士们的身影，各藩志士的代表也多次在料亭聚会，商讨“攘夷勤王”和“讨幕”的具体策略。

前述东京筑地料亭“新喜乐”，原是1875年创业的“喜乐”，它迁址到大隈重信私邸旧址后更名为“新喜乐”。大隈重信是明治和大正两个时代都出任过总理大臣的维新成功人物。他那私邸曾聚来伊藤博文、井上馨等人讨论国家政治，故有“筑地梁山泊”之称。改建成料亭“新喜乐”后也常聚来大牌政治家，伊藤博文是常客，“喜乐”创业百年的1975年，时任总理大臣的佐藤荣作因脑溢血倒在了“新喜乐”（两周后去世）。

这种料亭政治，在二战后随着经济高速成长以及自民党的长期执政，显得愈加浓厚。东京永田町集中了日本国家中枢功能的各官厅和各政党总部，与其邻接的繁华街赤坂在那种浓厚气氛中应运而生出60余家料亭，永田町的政治家们可以到料亭放松和联络感情。政治家可以在国会上堂堂演说，同党不同派的可以有分歧，不同党派的也可以互相攻击，但总有不能得出一致的结论的时候。那好办，晚上去料亭密室解决，或威胁或利诱，事情办成了。企业间的接待、财界的商谈，也常在料亭举行。政治与经济密不可分，政治家和大财阀会在料亭密会，商谈巨额而又涉及机密（比如军事）的生意，因此常会出现贿赂行为。

这种在料亭里发生的“官官接待”和密室交易，虽在日本社会中遭到一定程度的抵抗，却也有一定程度的容忍，因此形成了一种心照不宣的料亭政治文化。但随着一些大宗贿赂丑闻的暴露和日本经济泡沫的破灭，民众对此表示了愤慨，政客财阀也因之有所收敛，使得料亭数量有了大幅减少。现在赤坂的料亭从 60 家减至 6 家，东京都的料亭也由数百家减至数十家。增减不太明显的京都料亭有一二十家，其他县市有数家或十家前后，全日本的料亭大约两百家左右。

料亭是高格局、高品位的，也是高消费的。它的料理大约是 5 万日元起价（现在有的店降为 3 万），请一个艺伎大约 3 万起价，加上房间、席位、服务、消费税等费用可达 10 万日元 / 人，所以有人总结说，去料亭吃饭的消费额是每人 5 至 10 万日元（折合人民币 3 000—6 000 元）。政治家和大公司可凭发票报销，财界人自掏腰包也无所谓，普通人如笔者可是消费不起的。我也进过料亭数次，是去那里参加友人或友人子女的婚宴。东京赤坂的料亭内多设小单间，东京其他地方，尤其其他城市的料亭，则有大、中、小不同的房间，大者可容60到百名客人，适合举办大型宴会，尤其是结婚宴席。在料亭举办婚宴，各种服务加料理，或请上几位艺伎，大约是200至300万日元，人生仅只一次，普通人家也消费得起，更何况收到的红包大约能把那费用摆平。参加日本人婚礼呈递的红包里封的钱，根据辈分、亲缘远近、上下级关系、同事关系、亲密程度，有不成规定但大致成俗的数目，少者两万，多者也不会超过单去料亭的消费。

前面提到赖山阳曾在长崎“花月茶屋”住过三个月，可设想昔日料亭有住宿设施。今日日本出现了许多新式料亭旅馆，它们多设于远离城市的风景胜地温泉乡。料亭旅馆的名称或叫“温泉料亭旅馆”，或叫“旅亭”，它们不招艺伎，温泉是特色，多是双人的房间，因此很宽绰，它深藏不露地置于环境幽静之处、庭园更显优雅宽广。其晚早两餐加一宿的双人消费为约5万日元左右，消费额虽是普通温泉旅馆的两倍，但比纯料亭的一半还少，适合有中等收入的中老年夫妇享用，也适合新婚夫妇的蜜月之旅。

第八章

流芳于世的作庭家

禅僧作庭家：枯山水的缘起与发扬

梦窗疏石（1275年—1351年），是宇多天皇九世孙，8岁丧母，9岁为僧，17岁在奈良东大寺戒坛院受戒，后在京都和镰仓多座寺院修禅，62岁时成了京都西芳寺的中兴开山祖，被授予国师号，同年又成为京都天龙寺开山（初代住持）。他一生被历代天皇七次授予国师号，故有“七朝帝师”之称。他是镰仓时代末期著名的禅僧，在皇家贵族以及宗教界均有崇高地位；他也是日本早期著名的作庭家，作品有天龙寺庭园（京都右京区）、西芳寺庭园（京都西京区）、等持院庭园（京都北区）、瑞泉寺庭园（镰仓市）、惠林寺庭园（山梨县甲州市）、永保寺庭园（岐阜县多治见市）等。

梦窗疏石是“枯山水”的开山鼻祖。“未见一粒灰尘扬起，却见巍峨山脉耸立。未见一滴流水溅下，却见奔流瀑布悬挂。”这是他描写庭园的一首诗，如此抽象写意的园林，就是日本最独特的“枯山水”了。他在《梦中的问答》一书中写道：“把庭院和修道分开的人，不能称为真正的修道者。”而他的第一个枯山水作品，就是从一座京都的寺庙——西芳寺开始的。西芳寺，原为奈良时代（710 年—794 年）修建的一座净土宗寺院，原名西方寺，也曾有庭园，但经五六百年沧桑，早已荒废。1339 年，权臣兼松尾大社的宫司藤原亲秀不忍看它荒废，遂请来梦窗疏石主持重修。面对一座净土宗寺庙，禅宗大师梦窗疏石决心做一番大的改造，重建伽蓝，使得净土宗寺院成了临济宗寺院，寺名也由西方寺改成了西芳寺。同时又依北高南低的地势，布石掘池，将废园整修成了上下两段的两个庭园。

整个庭园位处寺院东部，以路口“向上关”[1]分出了位于北部的上段庭园——枯山水，和位于南部的下段庭园——池泉回游式庭园。由“向上关”拾阶而上，先见一组须弥山石组，因其形状似龟，又称龟石组。再往上见一座禅堂“指东庵”，它又名开山堂，曾是梦窗疏石坐禅之地，今存其木像，该像面东。“指东”两字大有来头，却先说这指东庵东侧的“洪隐山枯泷石组”，正是西芳寺枯山水的中心。它又由三段石组构成，

① 西芳寺庭园中连接上段庭园和下段庭园之间的一座门，是禅修行的第一关门。

龙安寺茶室藏六庵的“吾唯足知”手水钵

第二段较长较平坦，石组中间有一块表示修行僧的鲤鱼石，似往龙门游去状，第三段石组伟岸庄重，表现了一个“悟”字，原来这枯泷表现的是“龙门瀑”。那么第一段石组在哪里？在指东庵西侧，叫“龙渊水”，亦是枯水，里面还有条表示修行僧的鲤鱼石，旁边有块坐禅石……西芳寺山号洪隐山，山在寺北，“洪隐山枯泷石组”就在长满绿树的洪隐山山麓，但枯山水中草木皆无。此出于梦窗疏石的决断——园中高大繁茂的树木任它死亡，不再移植新的树木代替，由此构成一种极端写意和抽象的园林。西芳寺的池泉回游式庭园，以相衔接的小池“金刚池”和大池“黄金池”为中心，可沿池边的林荫道回游。金刚池旁有“影向石”石组，那是天上之神降临时的御座，池中有两排“夜泊石”，是系游船之地。黄金池中的中岛由形如两叶肾脏的朝日岛和夕日岛组成，池中还有一个长条形的长岛，此岛岸旁立有表示三尊佛的三尊石。再有就是小小的龟岛、鹤岛了，这些岛屿之间、岛与池岸均由石桥沟通。黄金池北岸有茶室“潭北亭”，南岸有茶室“湘南亭”，它们的名称来自禅书《碧岩录》。

比较西芳寺的两个庭园，枯山水部分是西方净土世界，是禅的世界，池泉部分，则如一幅优雅的日本画。日本庭园有四大要素：石、水、植栽、添景物。植栽中除了高树灌木花草外，还有青苔，它在日本造园中广泛使用。而西芳寺殿宇及庭园中除去人行的青石小路外，所有地面上，甚至石上、台阶、桥上，无处不被青苔覆盖。比如黄金池中的龟岛上生满了苔藓，使龟岛看似是浮游在水上的绿毛龟。西芳寺内青苔品种多达百余种，因此它又有“苔寺”美称。西芳寺庭园种满黑松、红松、杉、枫、桧、樱、桂，庭园上空被它们的枝叶遮盖，土地又被青苔覆盖着，使得园中寂静幽邃……

同在1339年，梦窗疏石成为京都天龙寺开山祖。天龙寺是日本临济宗天龙寺派大本山，位列京都五山之首，规模宏大。天龙寺的庭园也始建于1339年，面积1.2公顷，以近处龟山和远处岚山为借景，是个池泉回游式庭园。从寺院大方丈室往西看去，先入眼帘的是被树木青苔围着的一大片梳理精细的白砂石，其后是一片椭圆形的大池泉，名称曹源池，它是庭园的中心。曹源池的池岸弯弯曲曲，沿岸有多处荒矶、坐禅石，更向池中伸出了几处舌形出岛。池中有一组岩石组成的鹤岛，一座由岩石围起的较大的龟岛，还有许多独立的奇岩。但最令专家和后世作庭家注目的，是池西岸上一组犹如水墨山水画的岩石，它包括了龙门瀑石组群和三桥式石桥。龙门瀑石组可从山坡往池水中数起，黑色的远山石（又名观音石）、表示瀑布的平板状水落石、其旁所置数块护石、迎着瀑布跃起的鲤鱼石、又一道表示瀑布的水落石，数块岩石将落瀑之水分流，其中一块碧岩石取名自“禅门第一书”《碧岩录》，它们每块石头都有讲究，比如两组水落石中间的龙门瀑及鲤鱼石，正是由中国禅僧兰溪道隆带来、梦窗疏石习得的造园形式。此园虽称池泉，但那无水的龙门瀑及鲤鱼石常被专家评定为日本枯山水的起源。龙门瀑石组最下面的水中有一长列组石，正中的几块平顶岩石上连续铺着三长条石板，即三桥式石桥，它给庭园增添了深山幽谷的气氛，为日本庭园中最早的三桥……天龙寺是京都五山之首（顺位是天龙寺、相国寺、建仁寺、东福寺、万寿寺），天龙寺曹源池庭园常被评作日本第一的庭园。西芳寺庭园和天龙寺庭园，于同一年、由同一人（梦窗疏石禅师）营造，它们均包括了池泉和枯山水两部分，表现了日本庭园由池泉往枯山水的过渡。

京都天龙寺选佛场（吴鹏摄影）

雪舟等杨（1420 年—1506 年），出生于今冈山县，少年时入井山宝福寺为僧，后进京都相国寺，一边修禅一边学画，1467 年搭乘专营日明贸易的大内氏遣明船到了宁波，先在四明山天童寺修禅作画，后北上，游历了中国的名山大川，结识了许多中国水墨画家，并习得了他们的画风，他的《四季山水画》便是在中国完成的。两年后他回到日本，正遇内乱“应仁之乱”（1467 年—1477 年），便先滞留在了战火未及的九州，在九州势力最大的诸侯大友氏控制的大分的“天开图画楼”作画，数年后才启程周游日本诸藩国，并于晚年完成了巅峰之作《天桥立图》。他一生修禅，一生作画，被誉为日本画圣。此外，画圣雪舟还是位作庭家，传说他营建了京都芬陀院方丈南庭和东庭庭园，可考的是他在大分与福冈交界处所营建的“英彦山旧龟石坊庭园”、福冈田川的“鱼乐园”、山口的“常荣寺庭园”、岛根县益田市的“万福寺庭园”“医光寺庭园”等。

京都芬陀院创建于 1321 年，传说是建院百余年后的 1460 年，由雪舟营建了它的方丈庭园，是处枯山水庭园。此枯山水后因寺院遭遇火灾而荒废，最终于 1937 年由另一位大作庭家重森三玲修复出原貌。它的一半铺满白砂石，一半是苔藓地，而在苔藓地上布置着一组鹤石组、一组龟石组，它们被推算为日本枯山水中最早出现的鹤龟石组，芬陀院也因此有雪舟寺之别名。

英彦山高 1 200 米，呈千山万壑的雄伟之势，山中溪谷幽幽，巉岩、怪石、洞窟密布。它曾是日本专事山岳修行的修验道的一座灵山。1 400 多年前，中国北魏孝庄皇帝六皇子、法号善正的和尚，来到此山劝猎户藤原恒雄放下屠刀立地成佛，修建了日本最早的寺院灵山寺，今日成了英彦山神宫。英彦山中有许多庭园，其中又有几座庭园传说出自雪舟之手。位于参道左侧、雪舟山庄下侧的“旧龟石坊庭园”便是有史料可考的雪舟作品。旧龟石坊庭园是池泉观赏式庭园，地势自东向西南倾斜，主题是神仙思想的蓬莱、龟鹤。庭园整个被岩石围拢，中间有自东向西南布置着的蓬莱石石组、龟石石组、鹤石石组。蓬莱石巨大，矗立在龟形的石组上。其下，两段瀑布由水落式石组形成的断崖绝壁落下，汇成了水池。龟石石组位于池的上方，其中的龟头石昂首朝天，它原本就天然地斜插在山坡中，雪舟并未挪动，而是将它作了庭园的中心，那也是龟石坊庭园命名的由来。鹤石石组在池的下方，状似正要冲上云天。一般的池泉庭园中，龟石鹤石应在水池中，而这里的龟鹤却在池岸陆地上，很是珍奇，而此池之中的无名石组中心则是一柱如石笋般的立石。旧龟石坊庭园不大，面积仅一亩，却因本在多巉岩怪石的山中，再加上水墨山水画家的构思，将其布置得气势磅礴……

平安时代末期，1180 年，发生了争夺政权的源平战役，其中 1185 年的坛之浦之战中，源氏军队彻底击溃平氏军队，

雪舟画《金山寺》

建立了镰仓幕府，平氏残兵败将则躲入深山老林成为“落人”，“落人”中的一支流落到今福冈田川市，更名改姓为藤江氏，300 年后成为当地一个大族。雪舟在英彦山住了三年后，下山来到田川，受藤江氏之邀，营建了池泉观赏式的“藤江氏鱼乐园”。鱼乐园总面积一公顷，三分之一是水池，岸上筑有泷石石组，池上架有三座石桥，池中筑有中岛蓬莱山，很是简单素朴，但因其位处长满枫树的深山之中而成为深秋赏红叶的好去处。

营建鱼乐园之后，有“漂泊的作庭家”之称的雪舟来到了山口（今山口县山口市），受领主大内政弘之命营建了常荣寺庭园。本是大名的大内氏靠着持有派遣遣明船的特权，积累了大量财富，但到了第14代当主大内政弘时已处于衰运之中，然他不顾自己财力减弱，要求雪舟营建一个与京都金阁寺一模一样的庭园。与不愿模仿别人画作同理，雪舟也不愿模仿别处的庭园。他极具独创性地在一公顷的土地上建起了寺院，以奇岩怪石筑起了常荣寺池泉回游庭园。池名心字池，由一大池和一长条形的小池组成。小池一端是组枯泷——龙门瀑，有“杨云溪”和“五渡溪”从中流过，另一端的“十六罗汉”自然是十六块石头，池中心有块鲤鱼石。大池中有鹤岛、龟岛、两块岩石组成的岩岛、一座形似小船的舟岛，池岸置有蓬莱石、佛岩、坐禅石……在常荣寺本堂和心字池之间，耸立着中日名山：五台山、富士山、横山、庐山、终南山、嵩山、百丈山……当然它们还是一块块岩石。雪舟建的常荣寺庭园既有独特风格，又具备中日两国的水墨画风，真是奇也。

1478年，雪舟被石见国（今岛根县西部）领主益田贞兼请去，为其父益田兼尧画像，他在益田居住时期留下了“万福寺庭园”“医光寺庭园”。万福寺面积一公顷，其庭园一亩半大，挖土造成心字形的池，堆土成了山。池水中空无一物，但池岸壁由多组石组筑成，最可看的是池西端的枯泷石组，其上有落水石和鲤鱼石。土山最上面立的锥形石名须弥山石，其下是八块平顶岩石组成的八山，连同须弥山石一起构成了九山八海的大千世界，又其下，有更多平顶岩石石组，那大概是三千大千世界吧。此园没有龟岛、鹤岛之类，完全表现着九山八海的世界形成之说。医光寺，位于万福寺东，距离 500 米。比起万福寺，它的庭园更小、池也更小，但那池中容得下一座龟岛，又从池岸伸进了鹤岛石组，龟岛之上有一蓬莱石组。医光寺庭园夹在方丈室和一个山坡中间，山坡上栽着一排排踯躅，被修剪成了“刈込”，成为看点之一。雪舟在益田时曾住在崇观寺并成了其第五代住持，医光寺便是崇观寺的塔头。雪舟短暂离开益田一时后又漂泊回来，最后益田成为他的终焉之地，他最终也被葬于益田的东光寺（今大喜庵）……

画家作庭家：如画的庭园

狩野元信（1476 年—1559 年），京都出身，狩野派画系元祖狩野正信之子，他继承了父亲的中国水墨画（又称汉画）画风，又在自己的画中揉进了日本“大和绘”的样式，在山水中加进了花鸟，并为此加大了画幅，使之适于日本建筑的障壁（拉门、隔扇、纸墙壁）和屏风，它们分别称“障壁画”和“屏风画”，合称为障屏画。正是这种汉和合璧的画，推动了宫廷、贵族家及寝殿造建筑中的障屏画的发展，也给狩野派画风奠定了繁荣的基础，因此狩野元信成了幕府御用画师，也成为雪舟之后又一位画圣。狩野元信比雪舟晚出生半个世纪，但同

狩野元信画像

处室町时代。雪舟营建了不少庭园，狩野元信也营建了包括妙心寺“元信之庭”在内的多处庭园；雪舟是画僧，他可称禅僧作庭家也可称画家作庭家，而狩野元信世代均是画家，他纯属画家作庭家。

京都妙心寺是临济宗妙心寺派大本山，为日本最大的禅寺，院内塔头（亦名塔院，禅寺中有高僧墓塔的小寺小庵）多达 46 处。多数塔头均有庭园，比如龙安寺的石庭、东海庵的书院庭园、大心院的枯山水、桂春院四庭之一的“侘之庭”露地……妙心寺西南角的退藏院中有两处庭园，一处是“余香苑”（后文详述），另一处便是狩野元信的“元信之庭”。元信之庭是面积仅有 396 平方米的半圆形枯山水，其后方正中一组龟形石组上驮着巨大的蓬莱石，其右一尖形的石块名远山石，远山石前的一组石块构成了枯泷（瀑布），泷下“流水”先由栗石（碎石块）铺就，再以白砂石流满全庭形成了枯池。正是那枯泷和枯池，把枯山水变成了无水的池泉式庭园。这“池泉”被褐红色的岩石围拢，池中有一组龟岛，池岸有一组鹤形出岛，蓬莱和龟鹤构成了庭园的主题。龟岛之上架着两道厚石板桥，和龟岛相对的一组岩石上架着另一座石桥，它们又构成

京都妙心寺退蔵院元信之庭

了日本庭园中的三桥式结构。另外，在鹤形出岛上有一个手水钵也值得一提：它并未雕琢成固定形状，仅是在一块巨大的褐红色岩石上凿出一个长方形的凹坑而已。所有这一切都体现了一种绘画般的美，似是一幅深得狩野元信之意的障屏画，庭虽不大，但它是有着独特风格的枯山水庭园，因此后来被指定为日本国家级名胜史迹庭园。

相阿弥（？—1525 年）是室町时代的又一位山水画家，同时还是唐绘（中国画）鉴定师、连歌（镰仓时代兴起的多人连作的诗歌）师、作庭家。今存他的代表画作有《纸本墨画潇湘八景图》《庐山观瀑图》《四季山水屏风》等，他营建的庭园则有清莲院门迹“相阿弥之庭”、慈照寺（银阁寺）庭园、常乐寺庭园、愿泉寺庭园等。

清莲院门迹是个天台宗寺院，位于京都圆山公园北侧，寺内有两处庭园，一是小堀远州的“雾岛之庭”，一是“相阿弥之庭”。相阿弥之庭依在粟田山脚，是一处池泉回游庭园，中心是个中间圆、两端细的龙心池，右侧有跨湖而架的石桥“跨龙桥”，池中心卧着一块硕大的长形石块，有如沐浴之龙背，它的对面是由筑山形成的出岛。靠粟田山脚的池边布置着更多巨石，其中一组岩石构成了瀑布洗心泷。另一边池岸则布满青苔，简单，却能教人看出悲情，此庭又被四围的浓浓树荫掩盖，更显深沉幽邃。

京都圆山公园的南侧有座长乐寺，从那里的名泉“平安之泷”之名可以看出寺院建于古老的平安时代，寺中坐落着著有《日本外史》的汉诗人赖山阳及其子的墓所，另有相阿弥营建的池泉庭园“苑庭”。此庭园借景于东山，以山中涌水形成池泉，那池小得可怜，三两分钟便能回游一周，池上架以小石桥，池中仅有用几块岩石堆成的小岛，岛上栽种两株小枫树……“苑庭”也被四围的树荫浓浓地掩盖，它给人的印象除了寂静，还是寂静。“苑庭”小巧玲珑，为什么园内什么都那么袖珍呢？原来那是室町时代第 8 代将军足利义政为建京都银阁寺庭园，提前命相阿弥造的试制品，所以又称“试验之庭”，把它扩大，就像银阁寺的庭园了。银阁寺于1482年起建造，开基（创立者）是足利义政，开山（寺院开创者）尊为梦窗疏石，但梦窗疏石早于此前一个世纪便圆寂了，那寺中的庭园实际是相阿弥等作庭家营建的。

愿泉寺是大阪的一座始建于公元600年的古寺，寺内茶室旁有处相阿弥营建的枯山水庭园，半亩地大的园中除去一座石塔和石井外，全是卧着的平石块和立着的巨岩，不见白砂石铺就的“海”，它应是石庭。

相阿弥的祖父能阿弥和父亲艺阿弥都是唐绘鉴定师，这么多的阿弥名字让人想起另一位阿弥——善阿弥（1386年？—1482年？）。他不是禅僧，也不是画家，而是一名“河原者”，但他却同时是一位有名的作庭家。河原者是对日本中世（古代到近世之间的历史称呼）从事牛马屠宰、皮革加工、染织、造园等职业之人的蔑称（类似贱民），善阿弥便是“河者原”中从事造园的佼佼者。他被室町幕府将军足利义政所重用，营造了京都的相国寺阴凉轩、相国寺山内“睡隐轩池庭”、足利将军宅邸的“花之御所泉殿”、高仓御所泉水及奈良兴福寺大乘院等庭园。

善阿弥在京都营造的庭园，多淹没在失火、战火及沧桑巨变中，倒是奈良的兴福寺大乘院庭园以“旧大乘院庭园”之名幸运地保存了下来。旧大乘院庭园是在起伏不平的地形中建造的池泉回游式庭园，其 1.3 公顷总面积的一半是芳草林木，一半是池水，池水又被一座白石反桥分为东大池和西小池两个池。东大池池岸蜿蜒曲折，池之北面有较大的中岛和天神岛，中间有三个小岛聚起的“三岛”，上面植有紫薇树。中岛和天神岛都有桥与池岸连接，连接中岛的那座朱涂勾栏桥（反桥）美丽至极，尤其在三岛紫薇花开时，朱桥紫薇色彩相衬，妙不可言。西小池仅有东大池面积的十分之一，却是造型复杂而又优美，池岸急剧地弯曲变化，似好几个“心”对接在一起，池岸均以白石砌成的洲浜围拢，整个像一件工艺品。它又被两座小桥隔出更小的北池和南池，小小池中居然还有小小岛……善阿弥从 1465 年开始断断续续营建此园，后来其子小四郎继续努力，终于 1489 年建成了大乘院的建筑（今已不存）和庭园。与善阿弥及其子一同修筑庭园、被他们训练得技术纯熟的“河原者”们，后来被称为“山水河原者”，他们不是山水画家，但以心、以手能“创造”山水……

茶人作庭家：禅茶一味

京都府乙训郡大山崎町有座寺院喜妙庵，庵内有两处日本国宝建筑，一是书院“明月堂”，一是茶室“待庵”。前面说过日本茶圣千利休（1522 年—1591 年）增加了通往茶室的露地及露地上的构造物，最终完成了茶庭（露地）的模式，待庵便是唯一可确认的由千利休营建的庭园。它本是1582年参加天王山之战的丰臣秀吉（其时名羽柴秀吉）命令千利休于军寨中设立的茶室，战后被解体，移筑到喜妙庵中。很难想象，那被誉为国宝的待庵茶席仅铺着两张榻榻米（3.3平方米），而且三面墙竟是泥墙，它连左右客室和煎茶的厨房间加在一起才有四张半榻榻米（7.5平方米），真是达到了“无”的大境界。通往茶室的路上铺着飞石，路两侧布有岩石，一侧表示山，一侧表示海，外露地有休息所，内露地内有一组千利休弟子、明月堂主人芝山监物呈送的蹲踞、一道竹门、几片青苔，是个布置简单而又具有深意的露地，洋溢着“侘寂”的氛围。只可惜一代茶人宗师千利休，终因与丰臣秀吉意见相左而被命令蛰居于故乡，后又被命于京都切腹而亡。

千利休的故乡堺（日本汉字，音sakai）是日本昔日居首位的商贸都市，千利休本是堺的富商之子，自己也是富商，年少时曾与其师、茶人武野绍鸥在堺的南宗寺修禅，他切腹后尸身也葬于该寺。千利休的弟子古田织部（1544年—1615年），有“天下之茶人”之称，是战国时代的一名武将，也是一个小藩主。今大阪府

千利休画像

堺市堺区内的临济宗寺院南宗寺内，有一处他营造的枯山水庭园。其位于方丈室的南侧，长方形的地面上铺满白砂石，被梳理成一道道直线形的波纹，中间还有几处同心圆状的波纹，似大海的微波荡漾、似回旋的漩涡。大海对岸坡地的山林中有一堆由大岩石和栗石（岩石敲打而成的碎石块）布成的石组，岩石组成了枯泷、山涧、石桥、岩岸，小石头栗石被码成了自山涧流出、从石桥下通过的溪流，最后流入江河湖海。那些砂石、岩石、栗石，无言无语无动作，却表现得有声有色有动静，令人体会出茶人作庭家古田织部当年造此枯山水的匠心。古田织部在千利休死后，成了丰臣秀吉的茶头[①]，秀吉死后他又成为德川家康及其子德川秀吉的茶道指导者。德川家康于 1603 年开创了江户幕府时代，但在 1614 年的“大阪夏之阵”的战役中，历经一年时间攻破大阪城，才彻底击溃丰臣家族。此战之后一个月，古田织部的家老木村宗喜（亦为有名的茶人），被疑战中勾结丰臣阵营暗害德川家康，之后，古田织部也遭猜疑、并被命切腹。那是 1615 年 6 月 10 日的事。“天下之茶人”古田织部有多名弟子，除去德川第二代将军德川秀忠外，上田宗箇和小堀远州都很有名，他俩既是茶人也是作庭家。

上田宗箇（1563 年—1650 年），曾是丰臣秀吉麾下武将，

① 佛家称禅宗始祖灵前献茶或煮茶待客之役僧为茶头。

后为广岛藩家老。前述广岛缩景园便是上田宗箇营造的，他还修筑了德岛城下的千秋阁庭园、纪伊粉河寺庭园等。纪伊指的是旧和歌山藩辖地，粉河寺在今和歌山市东不远的纪之川市，是座历史悠久的天台宗寺院，寺内本堂石台阶两侧的、由上田宗箇营造的枯山水庭园，今被列入国家级名胜。它是枯山水，但更是石庭，我们见到的许多枯山水，是在白砂石铺就的湖海之中放置数块、十几块岩石表示山峰。而粉河寺庭园枯山水，白砂石占地少，绝大部分面积是由石垣围起的长长高高的石组，它由数百块巨大的岩石组成了连绵不断的山峦和险峰，其中一块长达 4 米的、细细的青石，挺立在石组后方，其名“蓬莱石”，犹如张家界的“南天一柱”。此石庭无论在岩石的数量，还是在巨石被码放的自由奔放的状态上，在日本都仅此一处。从哪里搬运来那么多的巨石？纪伊本是日本有名的青石产地，粉河寺可就近取材，它使用的纪州青石（绿泥片岩）来自位于和歌山海岸的杂贺崎，使用的蛇纹岩（有蛇皮纹路的一种磁性石）取自寺院附近的龙门山，使用的紫石叫红簾片岩，是绿泥片岩的一种，只有它们来路较远。这片石庭不仅表示了山峦，还生动地表现了枯泷、石桥、龟岛、鹤岛……其中搭在几块岩石上的一条长石名称“玉涧桥”，很有名。它令人想起南宋画僧玉涧，玉涧曾在家乡金华芙蓉峰的玉涧隐居，画出了许多山水画。而此“玉涧桥”及这片石庭莫不是那些山水画的再现？石庭前部的岩石

武将茶人作庭家上田宗箇无画像，仅存甲胄。

间隙栽有杜鹃，后部种着苏铁，显见是后代作庭师栽种的，它们更给石庭带来了生气。其实这片枯山水石庭面积不足半亩地，山高也就六七米，但它气势磅礴如千山万水，这都与作庭师上田宗箇乃指挥过千军万马的武将茶人有关，他还是武家茶道流派的“上田宗箇流”的创始者。

小堀远州（1579年—1647年）是大名，先为备中松山藩（今冈山县一部）二代藩主，后为近江小室藩（今滋贺县长滨市）初代藩主，他还是茶人（小堀远州流茶道之祖）、建筑家、作庭家。他营建了京都二条城二之丸庭园、仙洞御所庭园、南禅寺金地院庭园、大德寺孤蓬庵庭园等。

中国南宋时代江南禅寺兴盛，由朝廷给它们定出了等级，并设定了禅院的五山十刹，其中五山是余杭径山寺、钱塘林隐寺、净慈寺、宁波天童寺、阿育王寺。日本镰仓时代末期，将南宋的五山制度引进，经几次选定确立为京都的临济宗禅寺院天龙寺、相国寺、建仁寺、东福寺、万寿寺。南宋的五山之上，今南京天界寺被定为最高位，而日本的五山之上也有座定为“别格”的南禅寺，它不仅在日本各地有数百座末寺，也对五山寺院有极大影响力。1605 年，一位年仅 36 岁的禅师以心崇传，当上了南禅寺的第 270 世住持。崇传的智慧和能力，被刚创立德川幕府的将军德川家康看重，请他进幕府当高级幕僚，从此成为参与政治的“政僧”。家康故去，他继续辅佐二代将军秀忠，因南禅寺僧人穿黑色僧袍，他在那时得到了一个“黑衣宰相”之称。1626 年，秀忠呈请后水尾天皇授予崇传“圆照本光国师”称号。那是给僧侣的最高荣誉，为此崇传请出小堀远州来改造他的大本营南禅寺金地院，增设了金地院枯山水庭园。

小堀远州从 1629 年开始设计，并指导着另外两位作庭家，花费四年时间营造了金地院枯山水庭园“鹤龟之庭”。费时长是因为要精选岩石和栽培植物，另外各地大名为讨好在将军面前说话有分量的崇传而主动赠送来的巨岩名石运输费力又耗时长，这些均拉长了营造工期。“鹤龟之庭”是金地院方丈室的前庭，面积 3790 平方米，前面是白砂石铺就的大海，后面苔藓地中布有石组龟岛、蓬莱山石组、鹤岛，再后面是大刈込。“海”东的龟岛由十余块岩石组成，前后是龟头石和龟尾石，中间的龟甲石巨大又隆起。“海”西的鹤岛由更多的岩石组成，表现鹤首、鹤颈的鹤嘴石长 3.6 米、宽 1.2 米、高 0.6 米，正像细长的脖子，它是下船后用 17 头牛拖来的，可见其重，鹤岛中间还有一组表示鹤羽的三尊石。龟头与鹤首相对，它们中间平置一块长 4.2、宽 2 米的大青石板，它是用 45 头牛拖来的礼拜石，在那里礼拜的对象是蓬莱山，更是枯山水身后、祭祀德川家康的东照宫……金地院枯山水庭园与一般表现清静无尘的枯山水有所不同，甚至比本寺南禅寺的方丈枯山水更见壮丽豪华，均为表现德川家康的余威、“政僧”崇传的荣誉，当然更是小堀远州艺术才能的表现。

京都大德寺是临济宗大德寺派的大本山，开创于 1316 年，规模庞大，除去七堂伽蓝外，院内还有两处别寺和 22 座塔头（亦名塔院，禅寺中有高僧墓塔的小寺小庵）。它的本山及多数塔头都设有庭园，比如方丈庭园、有名的大仙院庭园、瑞峰院庭园、高桐院庭园，以及拥有日本最小石庭的龙源院庭园……1612 年，小堀远州在大德寺塔头龙光院中建立了一个小庵孤篷庵，请大德寺住持江月宗玩和尚为开山住持。此庵号“孤

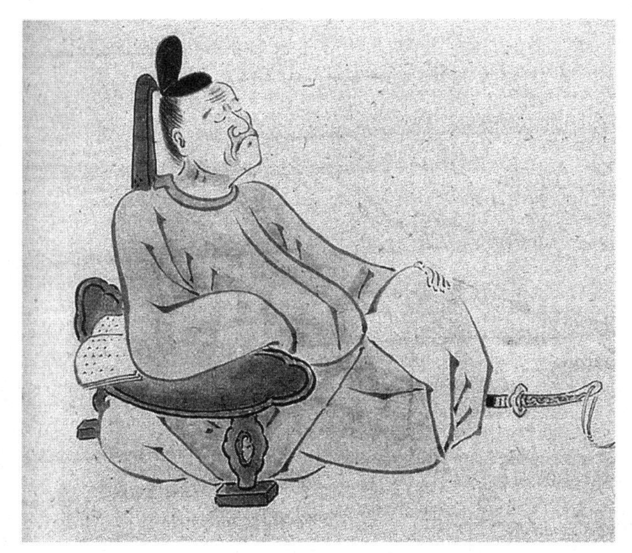

小堀远州画像

篷”也是曾任大德寺住持的春屋宗园授予其弟子小堀远州的名号，意为“一艘篷舟”，将小堀远州比作了其家乡附近的琵琶湖中的一只小船。1641 年，离开“作事奉行”公职的小堀远州，回到京都大德寺，用两年时间重建了孤篷庵，还营建了孤篷庵庭园，以度晚年。

孤篷庵虽苫瓦顶，但属书院造草庵风茶室，它包括方丈、客殿、茶室“山云席”、茶席“忘筌”等多处房间。孤篷庵庭园由两处组成，一是方丈南面的枯山水，一是西面连接着的山云席露地和忘筌露地。那枯山水再平实简单不过：一长条平铺的延段（平石板铺成的小径）和一长排剪裁过的灌木，夹着一长条“海”，海未按常规以白砂石铺就，而是拍实了的红土；但在小堀远州心中却不那么简单：它表现了中国宋代沈括《梦溪笔谈》中描绘的“潇湘八景”和自己故乡的长滨（今滋贺县长滨市）和琵琶湖的景色。虽然有后人将孤篷庵的露地分成山云席露地和忘荃露地，但它是一片露地的外露地和内露地，脚踏延段和踏石进入，便见得庭中铺满了栗石（碎石块），内中当然有石灯笼、砂雪隐、蹲踞、山云席露地……那里的手水钵的形状和命名与众不同。山云席露地的手水钵叫“布泉手水钵”，大铜钱形状，有喷泉从方形的钱孔中溢出，更有大石块和弧形的人造石砌成的圆池将手水钵围拢，使钱孔中溢出的水积在其中，给人留下大海的印象。《庄子·外物》有“荃者所以在鱼，得鱼而忘荃，蹄者所以在兔，得兔而忘蹄。言者所以在意，得意而忘言”句，比喻人在达到目的后忘恩负义，背弃根本，而孤篷庵的茶席“忘荃”之“忘荃”，正取自此句。忘荃露地的手水钵上刻“露结”两字，名“露结手水钵”，形如水缸又如石臼，日人将“露结”和“露结耳”视作兔子及兔子耳朵，中国有玉兔捣药的故事，那个“露结手水钵”有着“得兔不望蹄”的寓意。对于曾监造过名古屋城和营建过仙洞御所庭园那样大规模建筑和庭园的小堀远州来说，晚年营造的简素侘寂的孤篷庵是他的成熟之作，是对“禅茶一味”的不懈实践和追求，庭园建成 4 年后，他逝世于此、葬于此……

近现代作庭家：玫瑰花背后的和洋折衷

小川治兵卫不是一个人的名字，而是自江户时代中期就开始有的一个作庭家的家号，传至今日已是第11代，这里所说的是第七代小川治兵卫（1860年—1933年）。明治初期，京都东山的南禅寺因“废佛毁释”运动而废毁了多数塔头，又在那片废弃的土地上形成了一个新的别庄区，京都为了取得农业灌溉、发电、工业用水，从1885年到1912年，分两期施行了从滋贺县琵琶湖到京都东山的引水工程，称之“琵琶湖疏水”。流水的引入给那些别庄带来营造庭园的便利条件，也给了造园技术日臻纯熟的小川治兵卫大展身手的机会。他有一位邻居并河靖之，是七宝烧（珐琅）制作名家，其作品曾获得1889年巴黎世界博览会金奖；1894年，小川治兵卫在其宅邸兼工作室的院子中，营造了池泉庭园“巴里庭”（今称并河靖之七宝纪念馆庭园）。之后，小川应两任日本总理大臣的山县有朋之邀，在其别庄中修筑了“无邻庵庭园”。从此一发不可收拾，小川治兵卫在南禅寺一带创作了许多别庄庭园，以致形成了一处“南禅寺界隅疏水园池群”。小川治兵卫本是京都人，连同那疏水园池群，他在京都营造的庭园多达数十处。以下我们仅介绍它在东京都北区建的“旧古河庭园”、在京都建的“无邻庵庭园”和在静冈的“浮月楼庭园”吧。

旧古河庭园的西式建筑和玫瑰园

“旧古河庭园”在有名的六义园北不远处，它曾是伊藤博文内阁外务大臣陆奥宗光的宅邸，后为古河财团所有，今由东京都管理。1917年，古河财团第三代当主古河虎之助，在那里修筑了西洋馆和日本庭园。西洋馆是所西式建筑，出于曾建鹿鸣馆的英国建筑师乔赛亚·肯德尔（Josiah Conder）之手，而日本庭园则是小川治兵卫营造的池泉庭园。西洋馆处于庭园北部的小丘上，从那里引出一条围拢庭园三面的“马车道”，应是为乘坐西洋马车观览庭园而设。西洋馆之下，隔着一个草坪和一个玫瑰园，是南侧的池泉庭园，可上下石台阶经土石路，于曲径通幽处观览它。它的中心是个心字池，池西有大泷，是从人工断崖落下十多米的真瀑布，池东有由石组形成的枯泷；池南岸立着一列“舟着石”和由石组布成的溪谷。池周有许多石塔和石灯笼，尤其那立于池岸边的巨大的“雪见灯笼”，极具魄力……因为地形关系，那些环池或池水从旁流经的土石路都被岩石筑起的矮墙夹道，一路走去但见石、石、石，当你走到庭园的茶室下，又会看到一组“崩石积”，其状由多块巨石紧紧咬死，犹如山上崩落的岩石……“旧古河庭园”以园中玫瑰闻名，如今，每年会在这里的草坪上举办玫瑰音乐会，它的玫瑰园中的玫瑰是西方文化的象征，但它们却被一方方日本式的“刈込”围拢着，可谓日西合璧，和洋折衷，而小川治兵卫庭园的这一特点也诠释了日本庭园设计由近代向现代的过渡……

明治维新时的志士、政治家，日本陆军的创立者山县有朋，有三座别邸都叫“无邻庵”，其一在其原属长州藩的今下关市，其二在京都本屋町二条，其三是在南禅寺参道前的“无邻庵庭园”。它是个细长的三角形的庭园，西侧有1896年建的主屋、1998年建的洋馆，还有一间茶室。最东侧堆石而成的“泷组”是引“琵琶湖疏水”形成的三段式瀑布，瀑布落水汇成了长条的葫芦形水池，水池之水又经弯曲的小川流出院外。它是由瀑布、池水、小川，包括苔藓地、草坪集成的池泉回游式庭园，无论何处都布置着大量的岩石。无邻庵仅庭园部分便有五亩之大，因有很大的草坪，故虽有青苔在，却显得宽绰明亮。

明治维新前期的倒幕运动，以倒幕军战胜幕府军结束，曾多次镇压倒幕军的江户幕府第 15 代将军德川庆喜，于 1867 年将政权交还给了明治天皇，是为“大政奉还”，它结束了长达 265 年的江户幕府，更结束了自镰仓幕府以来持续 682 年的武家政权统治。明治新政府并未惩罚“最后的将军”庆喜，当他表示不再干政后，新政府便为他在今静冈县静冈市建了豪宅，而他也在此过了二十年隐居生活；后又封其为一等公爵、贵族院议员。为德川庆喜建的豪宅名称“浮月楼”，它附带面积为 6 600 平方米的池泉回游式庭园，那是小川治兵卫的作品。池泉之中筑有中岛，岛的尖端处立有蓬莱石。游人可由东岸、北岸、西岸，经三座桥抵达岛上，其中西面的桥最长，叫作“弓反桥”，它的弧度不大，像未张开的弓背，故有此名。北桥岸边的“浮殿”是庭园的代表形象——一座架在水中的四方形的水榭，其造型非常美观。和“浮殿”相对的北岸上有间茶室，它也有一半坐落在水面上。庭园中另一惹人注目的景观是随处可见的添景物石灯笼：织部式、雪见式、三月堂式、菊花纹、草屋形、善导寺式，样式繁多。“浮月楼”曾遭火灾而毁，后由著名建筑师吉田五十八重建成了数寄屋式建筑，如今成为受人欢迎的料亭。当时，前征夷大将军德川庆喜便是在这样舒适安逸的环境中，过着饶有趣味的隐居生活，他背枪打猎、撒网捕鱼、下围棋、写戏剧台词、玩照相机，人们常能见到他背着相机骑着自行车逛大街……

重森三玲（1896年—1975年），冈山县人，曾在日本美术学校学习日本画，同时打下了茶道和花道的基础，毕业后又在东洋大学攻读文学。他从1936年开始，对日本500处庭园进行调查并研究了日本庭园史，后写出26卷本的《日本庭园史图鉴》等十余部关于庭园的著作，亲身营建了194个庭园。他也因此成了日本昭和期最著名的庭园史研究家和作庭家。他营建的庭园数目繁多，且遍布各地，因此这里仅取其中代表，介绍他1939完成的初期作品京都“东福寺方丈庭园”，和1975年完成的晚期作品京都松尾大社的“松风园”。

京都东福寺是临济宗东福寺派的大本山，“东福寺方丈庭园”有“八相之庭”（释迦牟尼八相成道）的称呼，它们是存有镰仓时代庭园风格、兼具近代抽象艺术感的枯山水庭园。它围绕大方丈室分成东西南北四个庭，占地一亩多的南庭最大，白砂石被梳理成江河湖海，其中八个圆形砂纹，表示须弥山“九山八海”中的“八海”，海中四处石组曰瀛洲、曰蓬莱、曰壶梁、曰方丈，其中三组立石中横卧着长达六米的条状石。此庭西南角有五座长满青苔的堆土筑山，它们表示京都临济禅宗的五山（天龙寺、相国寺、建仁寺、东福寺、万寿寺），也表示镰仓时代后期开始的五山文学（禅寺汉文学）。东庭细长条的苔藓地仅占庭园的一小半，苔藓后面两排灌木所夹之地表示着“天之川”（银河），苔藓前面的一大半庭园是海。不，它不是海，是海上星空，白砂石中立着七根磨圆了的矮石柱，它们依北斗七星的位置排列着，故此庭又称“七星北斗庭”，自成一个小宇宙。西庭和北庭被布置成了“市松模样”（双色的方格子模样），它很像深浅两色方格画成的国际象棋棋盘，西庭的浅格子是方石砖，深色方格是青苔，北庭的浅色方格是砂石，深色方格是杜鹃花的“刈込”，它像中国春秋时代井田制的方块田，故此庭又称“井田之庭”。重森三玲设计的“东福寺方丈庭园”四庭各有特色，而且都是其他庭园中少有的特色，比如那七星北斗……

京都东福寺方丈庭园的枯山水

京都有名的岚山之南、松尾山山麓，有座松尾大社，是701年始建的京都最古老的神社。那里供奉着渡来人（从大陆和朝鲜半岛渡至日本的人）秦氏的氏神，它保护着地域的开发、建筑、文化、商业，还守护着交通、健康、生育的安全，此外还供奉着造酒的祖神。社内许多建筑和神像都列入了京都府或国家级的文化财产。松尾大社内的松风苑，包括进门右侧的“蓬莱之庭”，和其宝物馆两侧的“上古之庭”“曲水之庭”。

“蓬莱之庭”形似枯山水，却引来河川之水做成了池泉回游式庭园，那个池呈鹤形，池中池岸上矗立着一柱柱青石山，那是蓬莱群山，整体景象令人想起桂林山水。池中多沙洲，其中一沙洲上匍匐着一只石龟。石龟虽小，却和鹤形的池及其上的蓬莱山共同组成了“蓬莱之庭”的主题思想——中国神仙思想，也体现了日本镰仓时代的造园风格……“上古之庭”依松尾山斜面而筑，它将你带入远古诸神时代，那里布置的岩石群是神体降临时的“磐座”，最上方置有三块尖石，直立的两块是男神“大山咋神”（山神、农耕神）和女神“市杵岛姬命”（水神、海神），它们旁边的一块岩石是影向石，它斜指天空，似是在说：神自此方来。它们的下方又是一对男神女神石，再下方一堆姿态各异的石块便是诸神了。为筑松风园的三个庭，工匠又从四国岛德岛县的吉野川运来200多块巨大的青石（绿泥片岩）和无数小块青石，那些原本冰清玉洁、纹丝不动的岩石，在这个庭园中似被注入了生命，成为有血有肉的生命体，缓缓述说着远古的故事……“曲水之庭”筑于社殿与宝物馆之间的低处，引山间泉水穿庭而过，曲水的曲线相当复杂，在小空间里拐了七道弯，似在蛇行。这曲水庭园中加进了池泉庭园具有的出岛和洲浜，它们以小块青石砌就，看上去好似蟒皮。曲水之中和岸上布有大块青石的筑山，山上青石散在，其中有多组三尊石，曲水之上还架着三座青板石桥。此庭体现的是平安时代优雅的贵族风格……重森三玲在建“蓬莱之庭”的途中遗憾辞世，松尾大社的松风苑庭园也就此成了重森三玲的辞世之笔，此庭余下部分由其长子重森完途按图纸完成。

中根金作（1917 年—1995 年），静冈县人，先后在静冈县立滨松工业高等学校和东京高等造园学校读书，当了一段时间的京都府的园艺技师和里千家学园茶道专门学校的讲师后，于 1966 年设立了“中根庭园研究所”。他从对京都的古庭园的调查、保护、修缮开始，转而亲身设计营造庭园，一生之中筑庭近 300 处，这里仅介绍他营造的京都城南宫神苑“乐水苑”、京都妙心寺退藏院“余香苑”、大阪府堺市的大仙公园日本庭园和福冈大濠公园日本庭园。

京都城南宫神苑“乐水苑”建于 1954 年至 1960 年间，其主体包括了围绕社殿之旁的“春山之庭”“平安之庭”“室町之庭”“桃山之庭”和“城南离宫之庭”，共计五个庭园。春山之庭乃是布满岩石的草坪，庭中长满了红梅白梅，都是垂枝梅，它们寓示着迎春的主题；平安之庭是以一个大池为中心的池泉庭园，前面曲水庭园篇中所述城南宫曲水之庭便在这平安之庭中；室町之庭也是个池泉庭园，池中央有蓬莱岛，岛上立有三尊石和风采各异的石组，池旁的茶室乐水轩前则有礼拜石；桃山之庭无水，是个草坪，上面长满苏铁、垂枝梅和灌木修剪成的“刈込”；最后完成的城南离宫之庭则是表现离宫（平安时代后期白河上皇建的鸟羽离宫，遗迹就在城南宫西侧）风景和建筑的枯山水庭园……

将妙心寺退藏院中狩野元信的“元信之庭”与该院内的中根金作的“余香苑”相比较，很容易找出许多不同。首先他们是相隔了五个世纪的作庭家，先建的“元信之庭”是枯山水，后建的“余香苑”是池泉。“余香苑”筑于1963年至1965年间，面积2660平方米，是处池泉回游式庭园。庭园中间一组泷石中流出的水注满了水池，葫芦形的水池中并无岛屿，但密密的护岸石却是分别从太平洋海岸和日本海海岸采来的名石。“余香苑”的特色在于它的植栽，池中植有菖蒲和莲，岸上架有藤棚，满园可见的山茶花被修剪成了“刈込”和“大刈込”，四周植满了樱、桂、枫，它们令“余香苑”一年四季变换色彩，一年四季留有花香。

大阪府堺市的大仙公园位于日本最大古坟群百舌鸟古坟群的正中间，二战后不久被指定为公园用地，并于1966年调整建成了面积达 81 公顷的都市公园。为纪念实行市制 100 周年，堺市拨出大仙公园西部一片 26 公顷的长条地，请时任大阪艺术大学教授的中根金作设计营造了庭园，于 1979 年 3 月开园，名称大仙公园日本庭园，是一处筑山林泉回游式庭园。按照地势和水的流向由南向北之说：一条小溪流进园内，小溪旁的高地上建有桃园台和流杯亭，桃园台是四四方方的一片大草坪，流杯亭的石板地上刻出了“曲水流觞”的“曲水”，那曲水的形状和北京潭柘寺流杯亭里的一模一样。和流杯亭隔溪相对之处，是一座青苔亭，朴素的四阿（望亭）。小溪再往前流，变成 8 字形，留下一个小小的长满菖蒲的杜若池（杜若是菖蒲的一种）、一片沙洲和三座桥后再呈直线地向前流，这段溪流总称石津溪。小溪流过一座二曲木桥“春燕桥”后汇成了南端窄北端宽阔的大水池，池里先见中岛，由反桥“印月桥”和平桥“映波桥”连接着两岸，其后紧接着的是龟岛、鹤岛。大水池西岸有堆土筑山，名称庐山，山上绿树葱葱，山下有座甘泉殿，是池边白石栏杆围拢的一座十二柱长亭，柱红顶蓝，很有中国风味，东岸有座很大的数寄屋风寝殿造休憩舍，它实际是座水榭式建筑，游人可在那里喝着抹茶，眺望全园景色……大仙公园虽是日本庭园，但从景物取名和建筑样式上无不含有中国元素。

大濠公园日本庭园是为纪念公园开设 50 周年，于 1984 年请中根金作营建的，总面积 1.2 公顷，是个筑山林泉回游式庭园，但也包括了露地和枯山水。园内有一处很大的茶会馆、一

大仙公园流杯亭中的曲水流觞

处数寄屋式茶室和露地，有一片白砂石铺成的枯山水，再就是可回游的筑山林泉了。筑山林泉内有多处巨石垒筑的山，黑松成林，池水由落布瀑、溪流瀑、三段瀑落成，池分上下二池，像大鸭蛋的上池较大，水中有蓬莱、方丈、瀛洲三山，上池之水环绕着一座更大的“山”，和山林共同汇成了下池，下池中央有渗水功能，水流入地底后再循环。池边筑山上有两处“四阿”，“四阿”即为很简朴的亭，可供休憩，可坐其中眺望整个庭园景致。该庭自开园以来就一直成为深受市民喜爱的休闲的场所，人们还到那里举办茶会等文化聚会……

中根金作的庭园作品几乎均完成于昭和时代，这使他获得了“昭和的小堀远州”之名。

第九章

明治维新的产物：近代实业家的造庭

清澄庭园：石头的崇拜

有位叫岩崎弥太郎的人（1835 年—1885 年），生活在幕府末期和明治时代，他从普通乡士变成了政商，发财致富而成为三菱财阀的创业者和初代总帅。他是个爱庭家，前述东京六义园，在那个时代经过几次大火而荒芜后，是他于 1878 年将其连同紧邻的土地买下，开始修复的。他死后由其弟岩崎弥之助修复完毕，并于 1938 年由其子岩崎久弥赠予东京都。岩崎弥太郎的本邸（宅邸）在今东京都台东区池之端，即上野公园不忍池旁边。这里原是他于 1878 年买下的旧舞鹤藩藩主的宅邸，一处带大院子的和式建筑。他儿子岩崎久弥，在院中建了一栋连接着大客厅的和馆、一栋由承建鹿鸣馆的英国建筑家约西亚·肯德尔设计的洋馆，还有一栋撞球（台球）室，院中铺上了草坪，现为“旧岩崎邸庭园”。同是1878年，岩崎弥太郎为了公司员工的休养和接待宾客，买下废弃了的一处大名屋敷宅地，用两年工夫营造了一处庭园，叫作清澄庭园。

清澄庭园位于东京江东区的隅田川西岸，是处回游式筑山林泉庭园，池水占据了总面积3.7公顷的一大半。池中有中岛、鹤岛、松岛等四个岛屿和三道巨石铺成的“矶渡”，池中石上常立着鹭鸟，水中浮着野鸭、游着锦鲤，池中还有许多大乌龟与锦鲤同嬉、它们时常爬到石头上晒太阳。池周围着有筑山，最大的是东南岸上堆土而成的“富士山”。中岛和“富士山”旁各有一个“四阿”（望亭），坐在那里可一览平静的池水和宁静的园景……

此庭园最大的特点或看点，是石。岩崎弥太郎是位爱石家，而三菱财阀最初起家的产业又是船运公司，于是他利用自己公司的汽船，从全国各地运来岩石，也接受了过去大名家及他们的旧臣赠送的奇岩名石，听听纪州青石、伊予青石、伊予矶石、伊豆式根岛石、武州三波青石、相州加治屋石、秩父青石、伊豆纲代石、伊豆川奈石、伊豆川石、佐渡赤玉石等岩石的名字，便可知它们来自远方……青石又名绿泥片岩，绿色的变质岩，它们应是从秩父（埼玉县）、和歌山、四国岛西部运来的，而园中两块很大的佐渡赤玉石，是石英石和铁粉在自然的高温高压之下形成的，呈赤红色，仅存于佐渡岛，是日本三大铭石（名石）中的一类，今日要找拳头大的一块都不易，可见它的珍贵。园中共计有奇岩名石五十余尊，立在池岸和筑山上。园中还有以巨大的平石块铺成的一幅枯山水，表现出流水和瀑布的画面，它有异于其他枯山水多以立石表现峰峦的特点，园中还有巨石垒砌的石窟和石像群。此园湖面大、回路窄，便在沿岸水中隔一步间距放置了一列列平整的大石块，形成了矶渡，它表现了一种特殊的造园手法，游人行走其上是种乐趣……

清澄庭园内有两栋大型建筑物，一栋是水池北岸上的大正纪念馆，它先前是移筑来的大正天皇的丧场殿，后因战火烧失，便又以大正皇后丧葬殿的木材重建。另一栋是为迎接英国

葛饰北斋浮世绘《三河八折桥》

国宾，由岩田家于1909年建的凉亭，是栋数寄屋造建筑物，建于池南岸的水中，很像水榭。它们都是东京都选定的历史建筑物，内部宽敞明亮，如今团体可以按日按时预约租赁，园中既有场所提供饮食，又可供观赏庭景，是举办文化活动的极佳场地。

清澄庭园有大名庭园的历史痕迹，故常有评论家将它列在大名庭园之尾，但又因营造它的是三菱财阀的创业者和初代总帅岩崎弥太郎，它又可列在近代实业家所建的庭园之首。

“水紫山明”三溪园

横滨市中区有个庭园叫作三溪园，它是日本近代实业家原富太郎在20世纪初营建的。原富太郎（1868年—1939年），原姓青木，因娶了江户末期到明治时代的实业家、政治家原善三郎的孙女而入赘原家，更姓为原富太郎，号三溪。他并未坐享其成，而是发展扩大了原家的蚕丝贸易，收购了包括今列入世界文化遗产的富冈制丝厂等几座蚕丝工厂，后来又任“帝国蚕丝”社长和“横滨兴信银行”（今横滨银行）的头取（即银行行长）。虽然原富太郎积累起了巨大财富，但他对政治不感兴趣，而是把全部财力、精力投入到了三溪园的营建中。三溪园所处之地名三之谷，有三溪流过，它便成了原富太郎的号，也成了庭园的名称。1923年的关东大地震给横滨造成了巨大损失，他又将财力、精力投入到复兴横滨的公益事业中去。三溪园分内园、外园两部分，庭园建成时外园免费对游客开放，二战后，原家将三溪园转让给了横滨市，现由公益财团法人“三溪园保胜会”运营。

三溪园面积17.5公顷，内有丘陵、高岗和一个大池、几个小池，它们是天然形成的山水，园内没有枯山水，虽有林木花草，但少见青苔，池中没有土石堆砌的神山仙山，仅大池的岛上筑有一座涵花亭，小池里养着睡莲，其他一切随其自然，这是有别于其他庭园的特色。更为独一无二的是，园内绝大多数的建筑物是从日本各地拆迁移筑过来的，原富太郎是位兴趣广泛的收藏家，而他也是世界上唯一一个作为个人收藏古建筑物的收藏家。

三溪园内有20处建筑物。1902年建的鹤翔馆是原家住宅，包括住房、客间、茶间、乐室，宽绰近千平米，常有日本政治家和文人来此聚会。原富太郎本是茶人，又擅长书画，他曾给予年轻画家援助，日本美术院的画家横山大观、下村观山等人曾在鹤翔馆进行创作活动，横山留下了画作《柳荫》，下村画下了长幅壁画《四季草花图》。1989年开馆的三溪园纪念馆中收藏了原三溪自笔书画、上述两画，以及许多名家作品工艺品。除去鹤翔馆三溪园纪念馆，园内其余建筑，均为原三溪从各地移筑过来的年久失修、几近报废的古建筑物。它们中有几处被指定为横滨市文化遗产，有半数被指定为国家级的文化遗产，以下对那些国家级的文化遗产予以详说：

临春阁：1917 年自和歌山移来而建。本是 1649 年为德川幕府第 8 代将军吉宗幼时建的御殿，后为纪州藩藩主别邸，是一座数寄屋风格的书院造建筑。

月华殿：建于 1603 年，原位于京都二条城，是诸大名拜会将军德川家康时所用的休息室，它曾移筑到京都的三室户寺金藏院内，后于 1918 年被移筑到三溪园，其旁连接着的茶室金毛窟，是以京都大德寺山门旧木料所建。

春草庐：本是附属于三室户寺金藏院的茶室，它和月华庭一起移筑而来，其旁露天放置着一具 5—6 世纪的石棺。

旧天瑞寺寿塔覆堂：寿塔是生前为祝长寿而建的墓塔，覆盖在它上面的建筑物称覆堂，三溪园的寿塔覆堂建于 1591 年，是丰臣秀吉为其母祝寿而建。

天授院：本是镰仓心平寺的地藏堂，1916 年移建而来。

听秋阁：原是德川三代将军家光在二条城命武士佐久间将监监造的“三笠阁”，后被家光赐给了其幼年时的乳母春日局。“三笠阁”是栋很少见的二层楼阁，它经过二次移筑后，于 1917 年第三次移筑到了三溪园。（以上六处均在内园）

旧东庆寺殿：镰仓东庆寺由镰仓时代武将北条时宗的妻子创建，再建于江户时代的 1634 年，有很古老的历史。1907 年，三溪园移筑了它的佛殿。

旧灯明寺三重塔和旧灯明寺本堂：灯明寺在今日京都府木

津川市，由于老朽近乎废弃，寺内的三重塔和本堂于1914年被移筑到三溪园。

旧矢篚原家住宅：今岐阜县白川乡矢篚原家族世代居住了两百多年的一栋农家的茅葺屋，于1960年赠予三溪园。（以上四处均在外园）

为什么这些有数百年历史的古建筑能够移筑，甚至可以多次移筑？因为它们本是选择优质木材的木造建筑，不易腐朽倒塌，都是木榫结构房，可以拆卸再组装，其中的茅葺顶既可使用原物，也可用新的茅草重新覆盖。三溪园的古建筑各有来历，也各有特色。其中，旧灯明寺三重塔建于1457年，在灯明寺荒芜废弃之前移建到三溪园，可谓一件功德无量之事，它立于园中央的高岗上，从园内各个景点都能看到它，因此成了庭园的象征。旧矢篚原家住宅是茅葺屋，但它是日本住宅建筑样式茅葺屋中一种特殊的“合掌造”样式。它的两面屋顶成45度至60度角地倾斜着，犹如合起来的手掌。苫草的厚度达60厘米，这样的茅葺屋集中在岐阜县、富山县、石川县交接的白川村和五箇山等几个山村里，今以“白川乡·五箇山合掌造集落”之名被列入世界文化遗产。矢篚原家赠送给三溪园的合掌造茅葺屋也很特殊，它的右半部是普通农家的构造，而左半部分则是书院造构造，显见是富裕农家所有。不必跑远路去山村观看合掌造茅葺屋，让大城市的人也能看到它，这是矢篚原家的初心，也是对这种日本建筑文化的宣传弘扬。

游览近代实业家营造的三溪园，不仅能欣赏“山紫水明”（日本四字熟语，意山清水秀）的自然风光，还能研读一回日本历史，走进其历史建筑世界。

游 九 年 庵

2015 年 11 月 21 日，恰好是一个三连休中间的那天。清晨，我在公园散步时，听老家伙们说电视里播了佐贺县神崎市郊有个叫九年庵的庭园里的红叶正美正红，并说九年庵对一般游客开放的日期仅限春天观绿叶的数日和秋末的 11 月 15 日至 23 日。离当日恰好还有两天开放日，于是早操做过，回家喝了碗白粥，又在网上查好九年庵的具体位置和电车路线，下车站后，我便带了瓶水，装了包饼干，上路了。

百里电车，十里步行，走过平原，来到脊振山溪谷口。那溪叫城原川，九年庵就在溪口东侧山坡上。那天我到得不算晚，但见溪旁一空地上已人山人海。原来九年庵庭园虽面积 6 800 平方米，但游客只能在铺着石板的小道上行走，所以得先在那空地处拿“整理券”，每五分钟放 200 号人，游人凭号上山进庵。我领到的是 04459 号，而那时广播正叫 03600—03800 号，估计还得 20 分钟才能轮到我。好在空地上不寂寞，布置得像个大巴扎似的，地方土特产、小吃、冰淇淋样样俱全，我还从空场旁的一座“爱逢桥”走到溪对岸的仁比山公园溜达了一圈。

进九年庵向队列一直是两三人一列地排着队、向前向上地慢慢挪动，因为石板路两边铺满了青苔，谁也不敢去践踏，更因为石板路两边满是花期已过而翠叶依旧的山茶花，以及引万千人前来的近两百株叶已红透的枫。这里的红枫实在红，因一年之中只有一个星期能见它，故有“幻之绝境”之称，而这样迈一层石阶抬一回头、磨磨蹭蹭地赏红叶，于我是初次体验，真是一步一景、移步换景。

九年庵，是明治时代佐贺出身、对佐贺铁路及电力事业有巨大贡献的实业家伊丹弥太郎，于 1892 年动工、费时九年

佐贺县九年庵庭园

修建的别庄及庭园，是一处占地 8 600 平方米的近世和风庭园。园内有不大的池泉、通往茶室的露地，但最可观的是那园中别庄。它是住宅、书院、茶室连在一起的很大的数寄屋式建筑物，茅草葺顶、杉木板筑墙、竹皮铺的走廊，朴实而有山野趣味……

出九年庵后门有座仁比山神社，比起百余年历史的九年庵，此神社更是千年老住户了，它院内的红枫也更多更古老，但最著名的是树龄 800 岁和 600 岁的老楠树。从仁比山神社走回进山口，又参观了一座茅草顶房——伊东玄朴旧宅。当知道伊东玄朴是江户末期的“兰方医”、日本近代医学之祖，我不禁发出“山沟里飞出了金凤凰”的感叹。

九年庵及周边，不仅红叶红，许多矮树上的小红果也红，红果一嘟噜一嘟噜像红豆，把叶子都遮盖住，煞是可爱。当时发了通“红豆生南国，春来发几枝”之感慨，但回家一查得知它原生中国、国名“火棘”，哈，感慨发错了。

午后一点钟，我自回到山下空地处，听到广播在呼唤 08400 到 08600 号的游客了，乖乖隆地咚！空场旁有家温泉“红叶之汤”，游客都是冲红叶而来，谁也没想到泡温泉，我正巧有闲，便给它开了张，用 300 日元泡了个“独汤”。

回程没走公路，而是选择沿着城原川岸而行，乐山之后得以乐回水，岂不仁智兼得？先是望着因冲出山谷而变宽的城原川流下的三道很宽的瀑布和被溪流冲下的圆咕隆咚的巨石发了会儿呆，听了阵如琴瑟般的落瀑及水击巨石之声。刚说红叶红、红果红，在城原川岸壁上又发现了红瓜红。这红瓜我认识，日本名乌瓜。我很喜爱红瓜，同在家旁公园散步做早操的一位老太——女流作家，也喜爱它，便做贼似的摘了几个，带回奉献给她。

半途看到两组水车，进去一探究竟。水车在日本许多地方均可见，但这里的两组水车带磨坊——水车小屋，在一座磨坊中看到了杵米脱糠的表演，另一座是表现由谷类磨成面粉的过程。两组水车旁有座建成三连水车模样的“水车之乡游学馆”，在那里了解到百余年前在仁比山地区有着利用城原川水建造的六十余组水车。游学馆内还有一组利用水车发电来操纵的人偶表演，和真人差不多大的人偶们表演得活灵活现，内容是仁比山神社每到申年四月初祭祀山神农神、祈求五谷丰收的“大御神祭”中的“御田舞”。申猴酉鸡，我申年生，属猴，来年恰是申年，便谋划着来年四月初再访一次九年庵和仁比山神社吧。

足立的“足立美术馆庭园”

2006 年的黄金周，我曾由福冈驱车到大阪看望舅父，归途斜穿本州岛，到日本海一边的出云大社，打算寻访《古事记》里记下的“出云国”和“黄泉之国”。途经岛根县安来市通往农村地带的一个岔道口，看到一个标志牌，上书“足立美术馆”。惊异于这偏僻之地竟有美术馆，也出于好奇之心驱使，我将车拐了进去，一路上两旁山中夹着无尽的农田，驱使很长一段，终于见到了它。购票入内，先透过廊、厅的落地玻璃窗看到了园林，庞大的园林！其中一处墙上有扇镶框的大玻璃窗，往外望去竟是片很大的枯山水，它让我想起了苏州园林的漏窗，又因镶着玻璃，让人感觉是电视屏幕中的风景，此窗此景名为“生动的额绘”。原来，足立美术馆是被六个庭围拢的美术馆，是个大庭园。

入口处有美术馆设立者的画像和立像，根据说明得知他叫足立全康（1899年—1990年），在本地农家出生，小学毕业后曾帮家中干农活，14岁起拉车贩卖木炭。二战后往来于大阪和安来市之间行商，最后以投资不动产积累了巨大的财富，直到1970年，也即他71岁时，设立了财团法人足立美术馆，在建设展馆的同时，他请了以中根金作为首的六位作庭师营造了庭园。这美术馆展室面积3 000平方米，加上附属地的展馆总面积约3.3公顷，而庭园面积竟达16.5公顷。

先看看馆内，除去本馆大厅展室和茶室外，还有两座西式的“吃茶室”——吃茶室“翠”和吃茶室“大观”。馆内还有单间的“童画展示室”（童画是面向儿童的画）、陶艺馆、木雕馆，展示着横山大观、平山郁夫等近现代画家的画，以及北大路鲁山人等的陶艺品、林义雄等童画家的童画、平栉田中等人的木雕……总计 1 500 件展品。还记得横滨三溪园园主原富太郎曾请横山大观在园内画下名画《柳荫》吧，这位足立美术馆馆主足立全康，自 1977 年参观了设在名古屋的“横山大观画展”后，便被其名为《红叶》的画屏深深感动。那时横山大观早已去世，两年后足立全康一气竟买下他的《红叶》《雨霁》《海潮四题·夏》三幅画，后经执着地追寻搜集，竟至今日足立美术馆中收藏的横山大观画作达到了 120 幅这一成果。

足立全康的理念是“庭园亦是一幅画”，他将此馆此园构思成了庭园与绘画的调和。足立美术馆的六个庭是枯山水庭、白砂青松庭、龟鹤之泷、苔庭、池庭、寿立庵之庭，它们处处

岛根县足立美术馆庭园枯山水“白砂青松庭”

表达了他的理念和构思。

枯山水庭是美术馆的主庭，它居美术馆一侧的正中，正是从大玻璃窗看到的“生动的额绘”，游人可坐在吃茶室“翠”中边细细品茶边慢慢观赏它。它模拟了有名的京都妙心寺退藏院的枯山水，但退藏院以及其他寺院或庭园中的枯山水远不及它的雄大。它有白砂平铺的大海湖泊，还有白砂表现的流动的河川瀑布，更有白砂匍匐爬上丘陵山坡！寺院的枯山水本是抽象的，但它借景了近处小山和远处大山，是抽象加上自然的调和，是庭园与绘画的调和。

白砂青松庭在枯山水庭左侧，是倾足立全康心血、按照横山大观的《白砂青松》图布置的庭园，其中间也是铺满白砂的巨大枯山水，还有白砂铺就的丘陵，白砂之上点缀着小松树和红杜鹃，左侧立着两株高大松树，一为黑松，其名“男松”，一为红松，其名“女松”。它也像是枯山水，庭内立有多块奇岩，其中一块青石产自四国岛，一块“佐治石”是鸟取县的名石。此外还有石雕的一座雪见灯笼、一座春日灯笼……

龟鹤之泷居枯山水庭右侧，有自 15 米高的小山岗流下的一道瀑布，水则是用水泵抽上去的，它的景致按照横山大观画的《那智之泷》而布置，而那智泷则是和歌山县的一处瀑布，它被选为日本三名瀑之一，下幅宽 13 米、落差达 133 米，是日本最有魄力的瀑布。它是自然崇拜的象征，引无数画家去临摹写生，足立美术馆的龟鹤之泷与其神似。

苔庭在本馆的一个凹角中，从馆内三面落地玻璃窗都能看到它。说它是苔庭，其实是一片弯曲的海岸和一个小岛，中间夹着一片曲折优美、平似镜面的白砂——枯山水，那海岸和小岛上铺满青苔、长着小树，有趣的是，两片海岸和中间的一个小岛是用两块长石做成的桥连接起来的，其实桥高也就半米，桥下白砂石平平的，其实完全可以步行“蹚”过去的，但不行，那砂石再浅也是滔滔大海，你不走那万里险桥是过不去的，这便是枯山水。

池庭在美术馆的另一侧，其实枯山水庭和白砂青松庭中都有一片池水，不过池庭之池大于它们，而且池水占了全园面积之一半。它的池水确实来自地下涌水，池岸亦按泉池庭园布置，堆石筑岸，两块长石板搭成的桥架在池水正中，水中夏冬均有锦鲤悠悠洄游，游人可沿岸回游观览，也可坐在“吃茶室大观”里欣赏它。

寿立庵之庭可从美术馆的一条通道进入，它实际是个茶庭，即带露地的茶室，由外露地进入内露地，可脚踏飞石走到一间茶室。它依京都桂离宫茶室“松琴亭”样式而建，寿立庵之名则由里千家 15 代家元千宗室氏命名，园内种有杉木，地上覆盖着苔藓，最美的是秋日的红叶。美术馆的其他五个庭园皆可从馆内玻璃窗（窗下均有舒适的座椅），或坐在吃茶室中观览，这寿立庵的茶庭（露地）则可直接漫步走入。

静静地居于偏僻农村地带的足立美术馆，保存着大量名画家、陶艺家、木雕家的作品，着实令人惊叹。足立美术馆的庭园给人的印象，除去规模宏大，还在于它的丰富多彩。它将日本庭园的池泉、枯山水、茶庭三形态全部纳入其中，四季景色皆美。这一庭园现今在公益财团法人足立美术馆的管理下，清扫、保养得一尘不染，已连续多年被外国园林杂志评选为日本第一位庭园。

像足立美术馆庭园那样的庭园，日本还有许多，它们或冠名为美术馆庭园，或冠名为庭园美术馆，这是很有趣、很值得研究的文化现象。中国过去很多私家园林的规划设计者或拥有者，也不乏文人、诗人、画家。下章节中，我将举出一些日本的美术馆庭园和庭园美术馆的例子，与大家分享。

第十章

美术馆庭园和庭园美术馆

美术馆庭园

伊丹美术馆日本庭园

兵库县的小城伊丹市距离大阪不远，那里的水异常甜美，因而从江户时代起，便在那里集中了多家制造清酒的商家“酒藏”。同时，文人墨客频繁往来于伊丹，使它成了写作和歌、连歌的“俳谐”文化中心。今日伊丹市宫之前的一片土地上出现了叫作“宫前文化之乡”的文教片区，它包括了以“旧冈田家住宅”“旧石桥家住宅”和“新町家”组成的伊丹乡町馆、工艺品中心、“柿卫文库”和伊丹市立美术馆。“旧冈田家住宅”原本就筑在那里，它是经营酿酒业的冈田家酒藏兼住宅，“旧石桥家住宅”是从邻近街道原样移筑而来的，他家以酿酒业起家，后改为经营日用杂货。这两处江户时代商号和居家一体化的建筑叫作町家建筑，它们加上新建的同种建筑物“新町家”，构成古建博物馆。“柿卫文库”是冈田家后人冈田利兵卫（1892年—1982年）筹建的，利兵卫曾先后任伊丹町町长和伊丹市市长，也曾任几所大学的教授，他是位俳人，号柿卫。他搜集到往来于伊丹的俳谐作者的书籍、挂轴、短册计9 500件，并建立了“柿卫文库”，它也是日本三大俳谐文库之一。伊丹市立美术馆开馆于1987年，馆内收藏6 800件近现代的讽刺漫画，其中包括著名的法国讽刺漫画家奥诺雷·杜米埃（Honoré Daumìer）的讽刺画、雕刻、油彩画计2 000件，还有许多英国讽刺漫画家威廉·贺加斯（William Hogarth）的作品。如此以大量讽刺漫画为主的美术馆，在日本，甚至是世界上都是罕见的。

在酒藏古建、柿卫文库、伊丹市立美术馆中间的空地上，伊丹市请出著名的作庭家重森三玲的长子重森完途营建了庭园，它是新式的枯山水。枯山水的白砂石象征着伊丹的美水，其中的三尊石组体现着蓬莱、瀛洲、方丈的神仙思想。此枯山水一反常态地布置了飞石和石桥，使它有了回游观赏式庭园的味道，园中更多了一般枯山水少有的地被植物，这些都是不拘一格的创新……

根津美术馆庭园

东京都中心部、港区南青山有一座根津美术馆庭园，是曾修筑东武铁道等多条铁路的“铁道王”根津嘉一郎（1860年—1940年）营建的。他早年买下那片土地建立了私邸，又从1906年开始营建了庭园。他是个美术品收藏家，收集到的日本和外国的古美术品都具备极高的品质，他于1941年建立了根津美术馆来收藏、展示这些古美术品。作为财力十足的企业家，根津嘉一郎在建馆之后仍不断以高价购入高质量古美术品，赢得了“根津鳄鱼嘴”的称号，也使得今日的馆藏品达到近七千件。他的后代又于2006年请名建筑师设计，在庭园内营建了美术馆的新馆，其中陈列着根津家收藏的佛教绘画、写经、水墨画、漆制品、陶瓷器以及中国画和青铜器。去参观的人都会惊叹其藏品之精：地中海东部希腊化时代的雕刻像、公元3世纪的健陀罗弥勒菩萨立像、贵霜王朝的石造弥勒菩萨立像、中国殷朝青铜器“双羊尊”、北齐时代的如来立像、南宋禅僧僧家牧谿的《渔村夕照图》、日本江户时代绘师尾形光琳的《燕子花图屏风》、绘师圆山应举的《藤花图屏风》、宋代建窑天目茶碗、朝鲜高丽时代的青瓷水瓶、日本茶圣千利休使用的“赤乐茶碗”……

根津美术馆的庭园是个池泉式庭园，庭内地面高低起伏，铺有垒石小径，沿小径走进去，犹入深山幽谷。园中有多达二十余座的石塔、石灯笼，有四间茶室，它们是弘心亭无事庵、闲中庵牛部展、披锦斋一树庵、斑鸠庵青溪亭。池泉布景不胜枚举，其中有名称的有八景：景一为“月之石船”，是置

东京根津美术馆庭园中的一处露地（左侧是外腰挂）

于庭园入口处的一艘表现阴历三日的月亮形（三日月）的石船，陪伴它的是一座朝鲜石灯笼。景二是“弘仁亭之燕子花”，指的是茶室弘仁亭前水池中生长的紫色燕子花，每年四五月燕子花开时，美术馆会将尾形光琳的《燕子花图屏风》展示出来。景三为“东熊野”，是从岩石上落下的流水，表现的是日本第一的瀑布——和歌山县的那智瀑布。景四是“放置山”，是一片小高地，上面放置着一座石雕观音菩萨立像、一座石塔、两座石灯笼。景五为“药师堂之竹林”，指的是围拢小庙药师堂的一圈孟宗竹。景六为“披锦斋红叶”，指茶室披锦斋处植有多株枫树，一到秋天便披上了红色。景七是“吹上井筒”，指的是位于细长形水池中间的一口方口石井，它是池泉的泉源。景八为“天神之飞梅祠”，是祭祀天神菅原道真的小祠，它的周边种满梅树，飞梅说的是菅原道真被贬职到九州太宰府，他京都庭园中的一株红梅也于一夜之间飞到了太宰府的故事……

玉堂美术馆庭园

川合玉堂（1873 年—1957 年）是日本明治和昭和时代的名画家，他与横山大观、竹内栖凤并称“日本画三杰”。因为看上了东京都青梅市御岳的溪谷，他临终前的最后十年是在那里度过的，这对他创作表现人与自然融合的诗情画意的绘画非常有帮助。他想在那里建立一座美术馆，其想法得到了喜欢绘画的昭和天皇的香淳皇后的支援，也得到了许多社会团体、地方有志者及他的粉丝的寄赠，于是在他去世 4 年后的 1961 年，设在御岳溪谷旁的玉堂美术馆终于正式开馆。它是与溪谷风景完美融合的一栋数寄屋式的建筑。馆内两个展室里展示着川合玉堂从 15 岁时的写生画一直到 84 岁的临终绝笔，因画作太多，采取按季节变化布展，随时令展示与时令相应的绘画。馆内再现了川合玉堂的画室，设置了放映室，以录像来介绍他的生平、所得奖项和画作。

美术馆后面的庭园是东京地区少见的枯山水，长方形，中间有一条长长的以平石铺成的“延段”（通路），延段两侧的白砂地中仅简洁地布置着景石，它与京都龙安寺的石庭很相似。这枯山水的围墙尽可能垒得低矮，把外面的溪谷山林借景过来，尤其深秋，墙外的红叶好像伸进了庭园，把白砂黑石也映红，引得参观完美术馆的人要再绕到馆后面的溪谷走上一番。

本间美术馆庭园

山形县酒田市是个人口11万的中小城市，也是县内唯一的港湾城市，自古商业和海运业发达。该市有个本间家，承天皇家血脉，是豪农中的豪农，也是日本最大的地主，曾拥有本邸和别邸、3 000公顷土地，并兼营海运、仓库等多种事业。它的第4代当主在别邸建立了迎宾馆“清远阁”和回游式庭园“鹤舞园”。第5代当主用船运来了四国青石和濑户内海的御影石（花岗岩），重新修整了庭园。第8代当主设立了“光丘文库”，藏书万卷。到土地及财产传到第10代当主时，赶上了二战后由美国占领军推行的“农地改革”，遇到了“农地解放”问题，“农地改革”后的本间家土地仅余下试验场一公顷多的农田。为了对付继承税、财产税、富裕税等税金问题，本间家拿出了1 000件美术品、500万日元和4 000平方米的土地，成立了公益财团法人酒井市美术馆，也就是属于地方的本间美术馆。其于1947年开馆，后来又建成了新馆，加上其他收藏家的寄赠，馆内收藏的美术品达3 000件。如今在本间美术馆中，可以看到日本奈良时代的“佛本行集经”、平安至室町时代的《市河文书》16卷146篇、镰仓时代的各种文献、松尾芭蕉的手书与谢芜村自笔俳句稿等。还可以看到中国元代瓷瓶、朝鲜高丽时代的青瓷碗及李朝时代的茶碗……

本间美术馆新馆与“清远阁”中间的“鹤舞园”是回游式庭园，园名起自有鹤常落在池中岛上。它是被多座筑山围拢的池泉，筑山上有四阿和一组蓬莱石组，池泉一端有枯泷石组。水池中间有中岛，由一座未涂漆的石板反桥和一座木板铺成的八曲桥连接着两岸。池中有几处出岛，其中两个出岛之间由“泽渡”连接。池泉周围和筑山上立着多座石灯笼，它们又被满园黑松和杜鹃花所掩盖。园东侧的“清远阁”是座京都风味的两层建筑物，曾是叫作“六明庐”的茶室，它是过去酒田藩主巡视领地时的休憩所，昭和天皇巡视地方时也曾住宿于此，今日在里面设置了吃茶室，提供咖啡、抹茶和点心，供游客边饮食边欣赏园景……

庭园美术馆

东京都庭园美术馆

东京都庭园美术馆位于东京都港区白金台，这个美术馆原是1933年建成的朝香宫鸠彦王（昭和天皇的叔叔、南京大屠杀的元凶之一）的宫邸。1947年在联合国军的指令下他卸去了皇籍，搬出了宫邸。那旧宫邸曾作为外务大臣的公邸和迎宾馆使用，也曾落入西武财团和王子饭店手中，最后被东京都买回，于1983年将它改成了东京都美术馆并对外开放，更于2014年增建了新馆。美术馆是座白色的法国艺术风格的建筑物，里面除去展示着作为宫邸时的豪华陈设外，主要是定期举办各种美术展览。

东京都庭园美术馆总面积3.5公顷，它的庭园占据了绝大部分面积，而庭园又由日本庭园、草坪广场、西洋庭园三部分组成。位于西半部、从四面八方看都美的日本庭园名“八芳园”，比旧朝香宫邸历史要久远，是大正时代的大实业家九原房之助营建的池泉回游式庭园，后被东京都收回，它由一个小池、一个大池和森林组成。小池中落下多段瀑布，大池中有立石，无筑岛，因此池水显得宽阔，倒是在池岸水中多块巨石上建的一座六角水亭别有风情，游人可在那里小憩片刻、观赏石上水鸟和水中锦鲤。庭园一角有座茶室“梦庵”，它是从明治时代一位贸易商的庭园中移筑过来的，今日你可在那里喝到抹茶、吃到和式点心、体会到里千家流的茶道。今日八芳园内设置了结婚场地，成了东京有名的举行婚礼之地。你若想举办和式婚礼，园内早有大护神社；你若想来一场洋式婚礼，小池那边有后建的花园教堂……

东京都庭园美术馆的中心部叫中庭，就是那草坪广场，茵茵绿草上置有各类雕刻家的石雕、铁雕作品，包括有名的野外雕刻家安田侃作品《风》。南部的西洋庭园是近年逐渐修建成的，这几年又在作新的修整。庭园东面有一组和美术馆本馆风格不相同的建筑物，它是1950年建立的数寄屋造料亭“壶中庵”，内有多间独立的和式宴会厅，规模很大，有如李白诗句“壶中别有日月天”，壶小天地大。

奈良依水园宁乐美术馆

奈良的中心部、东大寺和兴福寺之间有处依水园，是一片被绿树隔开的安静世界。它占地1.3公顷，是两个不同时代的池泉合起来的庭园，因此也分成前园和后园。前园是江户前期的御用商人清须美道于1670年代，为取煎茶之乐而修筑的别邸，煎茶的茶亭叫三秀亭，附带的庭园是池泉回游式庭园，他自称那里是“静寂世界”。后园则是明治时代的实业家关藤次郎，为取茶汤之趣和举行诗会而建的筑山池泉回游式庭园。依水园之名缘起有二说，一说是它依在一条吉城川旁，一说是引用了杜甫《陪郑广文游何将军山林》十首诗之一的“名园依绿水，野竹上青霄”句。前园的池泉较小，但有着真的瀑布、叫作龟岛的中岛、石组构成的护岸、洲浜和多幢石灯笼……建在水池前的三秀亭是个茅葺大屋顶茶室，三秀指的是它借景来的春日、若草、三笠这三座秀丽的青山。

前园后园之间还有两间茶室“挺秀轩”和“清水庵”，挺秀轩是江户时代庭园拥有者的煎茶茶室，清水庵仿照里千家的名茶室“又隐”建成，它是里千家第12世来此指导造园时所作，这两间茶室年龄相差300年，它们是从前园走往后园必经的过渡之处。

后园的前面有座水心亭，是个书院造茶室。后园池泉大，叫作水字池，岸上有堆土筑山，上面长满青草和开花的灌木丛，池中有中岛，要想登岛没有桥，但君可踏着铺成一长排做成磨盘状的圆柱石（臼石）去，它像飞石，叫作“泽渡”。后园自然也借了那三座青山之景。

前园营建者御用商人清须美道和后园营建者实业家关藤次郎，都是奈良的漂布业者，干的是同样的、用水洗布即原布漂白的营生，他们都得益于水，依靠水积累下财富建起了庭园，这大概也是依水园名字的来历吧。

到了昭和时代，有位喜好收集美术品、在神户从事海运保险的企业家中村准策，为了给他及儿子准一、孙子准佑搜集到的美术品找个相应的保存之处，于1939年从产权持有者关家手中收购了依水园，于次年在庭园一角建房以安置那些美术品。但不久神户遭到二战时美军大轰炸，炸得中村家的万件美术品仅余两千件，后中村家又于1958年以搜集到的两千件中国、朝鲜美术品重新起家，于1969年在依水园内建成了现代化的美术馆——宁乐美术馆，来保存它们，并于同年将美术馆连同依水园赠给了奈良市。今日你若去宁乐美术馆，既可以看到许多日本古陶器、古瓦、茶道用具和名画作，又能看到高丽青瓷，还能看到中国青铜器、古陶瓷器、古铜镜、古印章、古拓片……

松山庭园美术馆

千叶县匝瑳市有个松山庭园美术馆，是一位叫作“此木三红大”的当代艺术家营建的，包括庭园、美术馆展室、工作室和住宅，总面积合十亩地大。它的庭园分为和式和洋式两片，和式庭园是一处带茶室的露地，洋式庭园是片大草坪。此木三红大出生于1937年，毕业于武藏野美术大学西洋画系，也曾留学于罗马的美术院，西洋画日本画均擅长，还善石版画、铜版画、石雕、铁雕。他的许多铁雕就立在大草坪中，他雕刻了许多石像，摆在庭园门外和庭园各处，有的像日本古代石人，有的像西域石人，还有几对石人和中国十三陵参道旁的文臣神似。露地中有个添景物是只威严正坐的石头猫，原来此木三红大喜欢猫，他雕刻猫、画猫，还办猫画展，庭园中养着几只猫，也容许访客带着自家的猫前来参观。

美术馆有好几个展室，也分成西式与和式两类。西式的展室墙上挂满了画家自己的画作、也挂着他收藏的日本及西洋名画家的作品，一间大的洋式展室里置放着长桌和椅子，相当于是个文化沙龙。一间和式展室里摆放着江户时代和明治时代的茶道具，都是很珍贵的陶制茶碗和铁茶壶，其中叫作“天命釜”“寒雉釜”的铁茶壶均出自名匠之手。另一间和式展室里置放着十架镶有漆画的古筝。松山庭园美术馆经常举办新人画家的画展、茶会、庭园音乐会、电影欣赏会，极大促进了地域文化交流。

中津万象园丸亀美术馆

四国岛的香川县中津市中津町有处占地五公顷的池泉回游式庭园，它是江户时代丸亀藩藩主京极高丰于1688年营造的大名庭园。1 500株松树将庭园布置成了“白砂青松”的大松原，还有近千株山茶花（日语为“椿”）植于池岸旁，为此，庭园为游人画出了两条回游路线，一条叫“松路线”（长1 100米），另一条叫“椿路线”（长1 000米）。当你漫步到庭园西南角时，会看到一株奇松和两处建筑物，那松树并不高，枝叶向下伸展，像一把撑开的大伞，名叫“大伞松”。它撑开后的直径有15米，因下面有柱子支撑着枝叶，故又像一座大亭子，它能长成这般模样，当然是靠人工定期修剪。这棵大伞松已高寿三四百年，是当年营造庭园的藩主从其故乡琵琶湖那边移植过来的，它的正名叫作“千代之伞松”。紧靠大伞松旁的一处建筑是座茅葺式母屋茶室，因临池而叫“观潮楼”，坐在其间可望见近处大海的潮起潮落；它是现存日本最古老的煎茶茶室，坐于其间你可品味一番源自京极家藩主的“京极煎茶”。池泉很大，占据了庭园面积的三分之一，水中有大大小小的八个岛屿，它们并未依惯例叫成中岛、鹤岛、龟岛或蓬莱山，而是别出心裁地命名为“帆”“雁”“雪”“雨”“钟”“晴岚”“秋月”“夕照”，这些名称均为京极家藩主家乡近江国琵琶湖的“近江八景”的略称：矢桥归帆、坚田落雁、比良暮雪、唐崎夜雨、三井晚钟、粟津晴岚、石山秋月、势田夕照。此池水景美、岛景美、桥景更美。一座长长的朱红色反桥——邀月桥，飞架在池两岸的出岛上，犹如美女将腰带一束，把池水分为两半，一半里留下了“帆”，另一半里集中了其他七岛。游人从两岸均可踏着“水莲桥”登雁岛，水莲桥并非真正的桥，而是两列“泽渡”，前述奈良依水园的泽渡是磨盘形状的圆柱石，这里的泽渡是刻有叶脉的莲叶状的圆石。经“回棹桥”可登钟岛，那桥挺优雅，是架带栏杆的二曲桥。登夕映岛的桥是三条长石构成的“雁形桥”，登雨岛的桥美名“卧云桥”。七岛之间均以反桥、平桥相连，比如连接月岛和晴岚的“观月桥”是一座朱红色的反桥，连接钟岛和雪岛的还是朱红色反桥……一个庭园的池水之上，包罗了各种式样的桥，这在日本是少见的。

丸龟美术馆建在中津万象园的东北部分，它是雏馆、陶器馆、绘画馆三个独立的建筑。雏馆展示日本人偶，也经常举办各种展览会。陶器馆展示的是伊朗、伊拉克等地出土的彩色土器、陶器和玻璃制品，它们的制作年代从公元前 2500 年到公元后的 13 世纪，是非常古老的古董了。绘画馆经常展示法国巴比松派画家米勒、卢梭等人的乡村风景画。虽然建于当代，但陶器馆是用白色石头筑起的低层建筑，绘画馆是座平屋，为数寄屋风建筑，它们与万象园的日本庭园非常协调。

重森三玲庭园美术馆

京都市左京区吉田上大路町，京都大学旁、吉田神社附近的一处清静的住宅区里，有座挂名为“招喜庵”的房子，是重森三玲庭园美术馆。那是重森三玲于 1943 年从吉田神社的神职人员处买到的带书院的百年老屋，这 1 342 平方米的院落后来也成为他后半生居住的地方。他于 1953 年在院子里建了茶室“无字庵”，次年新年在那里举办了初次茶会。从 1962 年起，他开始建造土藏（仓库）、水屋，整修书院，布置庭园，并于 1969 年建成了茶室“好刻庵”。1970 年，又将那江户时代的宅院改建成了枯山水庭园。好刻庵南面的中庭枯山水，地面一半是青苔一半是白砂石，上面铺着洲浜样的飞石。布置有蹲踞和水琴窟的书院南面是主庭，是更大的枯山水，梳理成海洋波纹和云天的白砂石上，立着多组以德岛青石砌成的石组，中心位置的三山石表现的是蓬莱诸岛，它们前面的青苔中横卧着一块巨大的“遥拜石”。此园是个标准的枯山水，但是重森三玲依照夫人的请求种上了两株樱树（一般枯山水角落里的植树应是不开花的）。

重森三玲庭园美术馆的“美术馆”并不是另建的专用于举办画展的专用于美术馆，而是指庭园的书院和茶室，作庭家重

重森三玲庭园美术馆

森三玲本身就是画家，那书院和茶室中挂着的字幅、挂轴、额画，都出自重森三玲本人手笔，他画在拉门墙上的一幅巨大的障壁画（隔扇画）表现的是大海波涛，他亲手制作的室内装饰均有画意，透过门框、窗框看到的庭园更是像镶在画框中的山水画。

日吉之森庭园美术馆

日吉之森庭园美术馆，位于横滨市港北区下田町，它包括“日吉之森庭园”“田边泰孝纪念馆”“田边光彰美术馆”三部分，总面积近一公顷。

日吉之森庭园里生满树龄百年以上的桂花树和黑栎树，长满牡丹、菖蒲及各种野生花草，它们围拢着一个由地下涌水形成的水池，游着小鲤鱼的水池并不大，但护岸的巨石、石桥、石灯笼，以及岸边的立石、进园的飞石……应有尽有，是处池泉回游式庭园。园中除去布置着天然石块外，还随处可见带艺术性的石雕、金属雕刻，它们是无题的作品，呈现着野生植物、昆虫、爬虫的形象。

田边泰孝本是当地的富农，其远祖是江户时代初期的豪农，因二战后由美国占领军推行的“农地改革”，田边泰孝家的土地被革掉了百分之七十，但他仍积极担任港北消防团团长、举办针对儿童的历史讲座，为地域发展做出了贡献。2013年，他以 92 岁高龄去世，依照他的遗愿，家人将有 160 年历史的农家住宅和有 350 年历史的“土藏”（石造仓库）改建成了“田边泰孝纪念馆”。纪念馆中保存着号称“人间国宝”的染色工艺家芹泽铚介的绘画，另藏有其婶母担任明治天皇皇后的女官时得到的由昭宪皇太后亲自缝制的下赐品……那座“土藏”的门前立着一柱不锈钢雕刻，名叫“豆·无限”，是横滨一家糕点铺请田边泰孝的女婿雕刻的，糕点铺老板因年老关掉铺子后又将它归还给田边泰孝纪念馆了。“无限”本是表示没有边界的 8 字形的数学符号，日本也拿它表示毛豆角的形状。看那《豆·无限》雕刻，连底座比人还高，像毛豆，但从表面纹络看，更像一颗带壳的落花生。

雕塑《籾》

田边泰孝的女婿叫田边光彰，同姓，或为招女婿之故，是多摩美术大学毕业的雕刻家。他雕刻的东西与其他人不同，比如他在当地山上刻了一对巨大的眼睛，名称“山之目”，好像在监视着山林不被破坏。那山林中还有一幅他的作品《绿之情书》，是在林中雕刻出的一个10多米长、用红心封口的巨大信封，而捧着信封的双手竟是长在原地的绿树。他还有一个作品《芽轴》，像从地下发射出来的火箭，但实际表现的是植物发芽时的能量……他更专注于野生植物的雕刻，上述庭园中无题的野生植物、昆虫、爬虫雕刻，便是他的作品。他最有名的作品是《籾》(日造汉字，音“MOMI”)，是未脱壳的野生稻，他创作了许多野生稻粒雕刻，有的是不锈钢雕刻，有的是石雕，他把它们以英文字母排名，作《MOMI×××》，比如被中国河姆渡遗迹博物馆保存的是《MOMI（7）1992》，为国际稻研究所作的《MOMI1994》表现的是野生稻的发芽。他的野生稻雕刻被联合国组织、北极全地球种子库收藏着。他赠送给泰国王室和泰国研究单位的野生稻雕刻分别长达 9 米和 33 米，他为澳大利亚的提倡种子保护运动石头雕刻的一粒稻种竟达 82 米长！田边光彰于 2015 年去世，其妻美纱代在庭园中创设了“田边光彰美术馆”，馆中展示着包括一米多长的稻粒《MOMI1992》等许多田边光彰雕刻品，还展示着他从菲律宾吕宋岛世界最早的稻作地带收集来的少数民族民间用具、农具和敬神用具……

结语

日本庭园无论是在世界园林、还是东方园林中，都是独树一帜的存在。它与西亚（伊斯兰）园林、西方（欧洲）园林相比，无论在宗教、思想、文化方面，还是在建筑形式、构思设计、布局布景方面，均显得极为特别。而与东方园林的主流——中国园林相比较，它仍有独特性但更多共通性，即日本庭园在很大程度上受到了中国园林设计、思想、文化、艺术的影响。

日本庭园的独特性：

日本庭园的独特性表现在庭园三大形态中的枯山水和露地两种形态中。“枯山水”一词出现在平安时代日本最古老的作庭书《作庭记》中，它又名假山水、唐山水（“枯”“假”“唐”在日语中发音相同），但它们指的仅是庭园中置放岩石的布景。而真正的枯山水庭园则出现于镰仓时代，于室町时代发展到巅峰，那也是禅宗进入日本并得以确立的时代，因而枯山水最早出现于禅寺方丈庭园中，它经过有着真水的龙门瀑形式变成了无水的、仅以砂石和岩石表现江河湖海和丛山峻岭的形式，这在中国还没有，虽依稀浮现中国的影子，但它已完全是独特的日本样式了。露地产生于安土桃山时代，它先与池泉和枯山水共融，后经日本茶道的发展而确立，它经佛教禅宗、再经茶道，最终演变成了日本独特的庭园形态。

日本庭园的独特性主要指的是它的营造形态，其中枯山水在意识形态方面还是佛家、道家思想所在，比如它的“山水”，虽有日本名山大川和神山神池，但更多的是表现须弥山、九山八海、蓬莱仙山、龟岛鹤岛等。露地在营造形态和意识形态上较为独立，但有极少数专用名词还是借用了汉语，比如蹲踞、雪隐。如今这两个词在中国已罕见使用，但在日本得以沿用至今，也算特色之一吧。日本庭园的四大要素——石、水、植栽、添景物，也是世界园林和中国园林的要素，但日本庭园的四大要素中也有许多独特之处，在我看来主要表现在“石”上。日本自古有对山中和海中岩石的崇拜情结，认为它们是神降临和寄宿的场所，因此出现了神社庭园中以石布成磐座和磐境的做法。此后出现的三大形态庭园中的石材也与中国注重的太湖石不同，是日本本土可采集到的青石、紫石、火成岩、珊瑚礁石灰岩。岩石被组成了无水的枯泷，还被做成了外国园林中没有的、既是实用物也作添景物的蹲踞、手水钵。还有数不清的石组，如蓬莱石组、须弥山石组、三尊石组、洞窟石组、护岸石组、连山石组、石桥石组……这些都是日本庭园特有的。其次，日本庭园的植栽与世界园林和中国园林的最大的不同是其“刈込”。世界各地园林的树木均为自然生长，主要展现天然美，剪裁也不过是剪短剪平，日本那么一“刈込”则是把树枝树叶剪得圆咕隆咚了，说是人工美。它们每年都要那么修剪一两次的，绝不容许有一枝一叶搞突出，让人不禁联想到日本文化对集体感和秩序的重视。

还有一点与其说独特不如说区别，日本的书院造庭园和中国的书院园林完全不是一码事。书院造是以书斋兼居室为中心的日本武家住宅形式，书院造庭园则是附属于这种建筑物的庭园；而中国的书院园林是附属于书院（学堂）的园林，比如嵩阳书院园林、白鹿洞书院园林、岳麓书院园林等。

受到中国影响的日本庭园：

飞鸟时代，日本通过照搬秦汉以来的皇家园林，来营造自己的皇宫和都城庭园。秦始皇曾派人赴海中仙山寻找长生不老药，汉武帝晚年曾在离宫甘泉宫挖了秦液池筑起仙岛和龟形的神仙岛以求长命百岁，这些为日本人所知的故事也被他们化用到了园林营造中，呈现出道家神仙气的风貌。从那时起，日本庭园中出现了蓬莱、方丈、瀛洲仙岛、象征长生不老的龟鹤石组，以常青的松树作衬景，帝王贵族们乘舟游戏于池泉之中。

佛教经朝鲜半岛初次传入日本是在飞鸟时代的552年，此后历经多年，发展出多种宗派，最后于1940年以“宗教团体法”公认为13宗56派。其中的汉传佛教净土宗及净土思想，于中国隋唐时代传入日本，并于同期的日本平安时代落地生根，产生了日本净土宗和净土宗寺院，也因此出现了净土宗寺院里的净土式庭园。如前所述，净土式庭园是一片清净无垢的极乐世界，那极乐世界在池泉的西岸，即西方净土。这种净土思想及净土式庭园，又催生了平安时代末期的平泉文化。

净土式庭园和后来的禅寺庭园的出现，为早前出现的有着神仙思想、有着仙山仙岛的池泉庭园，注入了更多的佛教思想，增添了须弥山、九山八海、阿弥陀三尊、释迦三尊、药师三尊等石组。汉传佛教最大的两个宗派是净土宗和禅宗，日本佛寺庭园也集中于净土宗寺院和禅宗寺院中。日本禅宗源自中国宋代禅院五山十刹，后者又分成了临济宗、曹洞宗、黄檗宗等。日本黄檗宗传入较晚，而临济宗、曹洞宗传入于镰仓时代，因此禅宗庭园多集中在这两个宗派寺院中，也是它们的庭园对池泉庭园的发展影响更多。源自宋代五山十刹的日本禅宗，落地京都后，产生了京都五山文化，落地镰仓后产生了镰仓五山文化。中国禅风吹来，对日本庭园风格的影响最大，它不仅催生了禅寺庭园，还影响了日本池泉庭园的构思和布局。日本庭园的另外两大形态枯山水和露地，虽有独特性，但不难看出枯山水源自日本禅寺的方丈庭园，而露地的发展背后的轨迹则或可概括为：中国禅——日本禅——坐禅——茶禅一味——茶道——茶室——茶庭（露地）。

禅宗传入日本同时，宋代山水画和山水诗也传入了日本，它们也浸透到日本的庭园尤其是枯山水的景物表现方式中。比如京都大德寺大仙院枯山水，便是采取了北宋水墨画大家郭熙的“三远”（高远、深远、平远）透视法而布局的，它的全庭景色正如郭熙的名作《早春图》。南宋水墨画大家玉涧在日本很有名，他的画风也体现在日本枯山水庭园中，比如前述粉河寺枯山水庭园中玉涧桥、玉涧石组，名古屋城二之丸庭园也因有玉涧桥和玉涧石组而成为玉涧流名园，近世作庭家重森三玲在山口县周南市汉阳寺营建了四处枯山水庭园，其中山门处的庭园直接命名为“玉涧式枯山水庭”，所有这些“玉涧”都可在玉涧的山水画中找到。南宋末的水墨画大家牧谿在日本更是有名，其画在中国已绝迹，却有画作存于日本各大博物馆中，许多日本画家和作庭家都是他的粉丝，他的《潇湘八景图》等多被日本画家和作庭家模仿，或作成袄绘、障壁画装饰于庭园建筑物中，或入魂于枯山水中。而同属室町时代的雪舟、相阿弥、狩野元信等人，他们或是留学中国修禅学画，或本身是山水画家及中国画鉴定师，或曾将中国水墨画揉进日本“大和绘”，但他们有个共同之处——都是有名的作庭师，所以在他们营建的庭园和绘制的袄绘、障壁画中，均有中国水墨画的特征，这是再自然不过的了。

日本古都奈良和京都的城市街道格局均模仿了中国古都长安和洛阳，随着风水学中的“四神相应”传入，它也进入到这些城市的庭园建筑和布局中。以京都的几座神社为例，城东面东山的八坂神社为青龙，城西岚山附近的松尾大社为白虎，城北的上贺茂神社为玄武，城南的城南宫为朱雀，它们附属的庭园当然也可以此相称。再具体从1895年营建的京都平安神宫庭园看，建筑物中东有苍龙楼，西有白虎楼；本殿（皇家庭园）东有苍龙池，西有白虎池，所有这些，都反映了“四神相应”对日本庭园的影响。

儒家思想和文化，也可见于日本庭园中。儒家学说和思想，稍早于佛家思想传入日本，它贯穿于飞鸟、奈良、平安时代，但最后消融于神道、佛教、道教之中，直到江户时代，再度兴起，被德川幕府所提倡，用以教育、培养人民忠于幕府，维持社会稳定。彼时正值大名庭园兴盛期，因此儒家思想和文化自然融入大名庭园之中。比如营建东京小石川后乐园的德川光国，便听取了明末流亡到日本的大儒朱舜水的意见和指导，其园名“后乐”，其园中有“得仁堂”“涵德亭”等多处建筑物，这些取名均出自儒家之言或是为纪念儒家人物。其布景也多包含中国元素，比如水户偕乐园的园名“偕乐”出自《孟子》，其茶室名“何陋庵”，出自《论语》。东京六义园的六义“风、赋、比、兴、雅、颂”取自有“儒家诗教”的《毛诗》

之《诗·大序》。熊本县水泉寺成趣园之“成趣”，则取自亦儒亦道的陶渊明《归去来兮辞》中的“园日涉以成趣”……

日本庭园难以尽数，本文列举的日本庭园中，述说者得以亲身考察赏玩的亦仅占三分之一左右，其余大部分皆从书本、报纸和电视、电影等渠道得以了解。述说者本人亦不是专门的研究家，仅以个人的兴趣及不多不少的一些体验和感悟，尝试为读者走进日本庭园打开一条缝，谬误定会多多，还望读者批评指正。